建筑室内设计、室内艺术设计专业系列教材

U0242434

室内装饰施工与管理

（第 2 版）

胡 伟 贾 宁 编

东南大学出版社
SOUTHEAST UNIVERSITY PRESS
·南京·

内 容 提 要

　　室内装饰施工与管理在装饰工程施工过程中具有指导性作用。本书根据室内装饰工程的特点和实际施工的需要分为三部分：第一部分阐述了室内装饰施工的特点、任务和验收标准；第二部分介绍室内装饰施工工艺，包括抹灰工程、吊顶工程、轻质隔墙工程、饰面板（砖）工程、涂饰工程、裱糊与软包工程、门窗工程、地面工程、细部工程的施工操作工艺、质量要求和成品保护措施等内容；第三部叙述了室内装饰工程施工组织设计和室内装饰工程施工管理等内容。最后运用室内装饰工程实例分别讲述了施工组织、施工进度计划的编制、装饰工程施工组织设计的方法等。本书具有体系完整、简明易懂、适应面广等特点。

　　本书主要作为大中专院校及高等职业教育室内装饰设计、建筑装饰设计专业的教材，同时也可作为装饰工程管理人员和技术人员参考用书。

图书在版编目(CIP)数据

　　室内装饰施工与管理 / 胡伟，贾宁编. —2 版. —
南京：东南大学出版社，2018.8(2022.1 重印)
　　建筑室内设计、室内艺术设计专业系列教材 / 胡伟，
李栋主编
　　ISBN　978 - 7 - 5641 - 7802 - 4

　　Ⅰ.室… 　Ⅱ.①胡… ②贾… 　Ⅲ.①室内装饰-工
程施工-教材　Ⅳ.①TU767

　　中国版本图书馆 CIP 数据核字(2018)第 119396 号

室内装饰施工与管理（第 2 版）

编　　者　胡 伟 贾 宁
责任编辑　宋华莉
编辑邮箱　52145104@qq.com

出版发行　东南大学出版社
出 版 人　江建中
社　　址　南京市四牌楼 2 号(邮编：210096)
网　　址　http://www.seupress.com
电子邮箱　press@seupress.com

印　　刷　南京玉河印刷厂
开　　本　700mm×1 000mm　1/16
印　　张　12.25
字　　数　240 千字
版 印 次　2018 年 8 月第 1 版　2022 年 1 月第 2 次印刷
书　　号　ISBN 978 - 7 - 5641 - 7802 - 4
定　　价　39.00 元

经　　销　全国各地新华书店
发行热线　025 - 83790519　83791830

建筑室内设计、室内艺术设计专业系列教材

编委会名单

主 任　胡　伟

副主任　李　栋

编委会　孙亚峰　贾　宁　翟胜增
　　　　陆鑫婷　卢顺心　乔　丹
　　　　王吏忠　汤斐然　胡艺潇

前　　言

　　室内装饰施工与管理是装饰工程的重要组成部分,在装饰工程施工过程中具有指导性作用。本书从装饰施工工艺和组织管理两方面讲述了装饰施工的内容,同时根据室内装饰工程的特点和实际施工的需要分为三部分:第一部分阐述了室内装饰施工的特点、任务和验收标准;第二部分介绍室内装饰施工工艺,包括抹灰工程、吊顶工程、轻质隔墙工程、饰面板(砖)工程、涂饰工程、裱糊与软包工程、门窗工程、地面工程、细部工程的施工操作工艺、质量要求和成品保护措施;第三部分叙述了室内装饰工程施工组织设计和室内装饰工程施工管理。最后运用室内装饰工程实例分别讲述了施工组织、施工进度计划的编制、装饰工程施工组织设计的方法等,具有较强的实用性。本书主要作为大中专院校室内设计、室内艺术设计专业的教材,同时也可作为装饰工程管理人员和技术人员参考用书。

　　本书在编写的过程中参考和借鉴了有关专家的资料成果,得到了有关专家、同行的支持和帮助,在此表示感谢。

　　由于编写时间仓促,施工与管理方法更新迅速,加之编者水平有限,书中难免存在疏漏与不妥,敬请读者批评指正。

编　者

2018 年 3 月

目　　录

第三部分　组织管理

第一部分

绪　　论

1 室内装饰施工的特点、任务和验收标准

1.1 室内装饰施工的特点

室内装饰施工是在建筑和安装工程的基础上,对建筑物使用功能的进一步细化和完善,是室内空间和环境的再创造。它的工作环境主要在室内,具有工种繁多、施工周期短等特点。

1) 施工的独立性

室内装饰施工是独立于土建施工以外的、由专业施工队伍进行施工操作的工程活动,它是在土建工作完成以后对室内空间和环境进行的一种装饰和美化处理。

建筑物是千变万化的,每一栋建筑物进行装饰施工的内容各不相同,即使使用性质相同的建筑也会因为环境条件、业主的审美要求不同等因素而发生变化。因此,室内装饰施工对每一类建筑物有着不同的施工规定和要求,施工技术人员应根据施工现场的具体情况,按照施工组织设计的要求,精心安排施工人员、装饰材料和机械设备,使每一项装饰工程都能达到最佳的装饰效果和最优的质量标准。

2) 施工的流动性

施工的流动性是所有土建项目的特点之一,也是室内装饰施工的显著特点。因为建筑装饰的主体对象是建筑物,所以建筑装饰施工的工作场所就会随着建筑物地点的改变而变化,施工队伍也就会随着施工对象地点的改变而经常搬迁。

室内装饰施工的流动性特点对装饰施工企业的管理提出了很高的要求,施工管理人员应根据施工建筑物所在地的具体情况,充分调查研究当地的各种施工资源情况,组织落实好施工队伍、施工机具以及装饰材料等问题,高效率地组织施工,从而按质、按量、按时地完成各项装饰施工任务。

3) 施工的多样性

室内装饰施工的多样性是指装饰工程的多样性和施工工种的多样性。每一栋需要装饰的建筑物会随着其使用性质、空间尺寸、形状规模等因素的变化而有不同的要求,因而装饰工程的施工内容及范围也会随之发生变化。

装饰工程施工材料的品种非常繁多,少则成百上千,多则上万。由此牵涉的工种有瓦工、木工、油漆工、钣金工、石材工、水电工、电焊工、架子工等。因此,现场施工管理人员应对每一个施工工种的人员精心组织,安排好施工进度计划和施工内容,做好各工种的协调工作,避免出现工种交叉阻滞现象,提高工作效率。

4)管理的复杂性

室内装饰工程由于空间有限,场地狭窄,施工工序繁多,施工内容较为复杂,因此,在施工中需要有具备专门知识和技能的专业人员担当技术骨干。一般中小型装饰工程的施工内容有抹灰、饰面板(砖)、涂饰、门窗、玻璃、吊顶、轻质隔墙、裱糊、细部制作、水电等项目,大型的装饰工程还包含警卫、通信、消防、音响、灯光等系统工程。

施工现场的布置内容有平面的,也有立体的,如施工现场的临时用电、材料及机具仓库、现场办公用房、生活卫生区、水平和垂直运输的途径、各类材料加工及制作场区、临时消防设施等。

要使施工现场有条不紊,工序与工种间衔接紧凑,保证施工质量并提高工作效率,就必须依靠具备专门知识和经验的组织管理人员,并以施工组织设计作为指导性文件和切实可行的科学管理方案。施工组织管理人员应该既是施工的组织者又是现场指挥,不仅掌握施工组织计划,还应掌握人工、材料和施工机具的调度管理计划,以及定额管理计划等多方面的管理能力。同时,施工工长或班长不仅要具备工艺技术的全面性和系统性,还应熟悉工艺检验的方法和质量标准,同时具有及时发现问题和处理问题的能力,随时解决施工中的难点。因此,一个装饰工程能否按施工组织设计的要求顺利完成,与施工现场的管理人员的才能和素质有很大的关系。

5)施工的经济性

室内装饰工程的使用功能和艺术性的体现与发挥,及所反映的时代感和科学技术水准,在很大程度上受到工程造价的制约。因此,室内装饰工程需要全面贯彻"适用、安全、经济、环保、美观"的方针,要求选用集材性、工艺与美学为一体的性能优良、模数协调、经济耐用和造型美观的装饰材料。必须做好建筑装饰工程的预算和估价工作,认真研究工程材料、设备及施工工艺的经济性、安全牢固性、环保性、操作简易性和装饰质量的耐久性等全面因素,严格控制工程成本,加强施工企业的经济管理,节约资金,提高经济效益和建筑装饰工程质量,圆满完成每一个装饰工程的施工任务。

1.2　室内装饰施工的任务

室内装饰工程施工的主要任务是根据图纸要求,通过装饰构造、材料安装和工艺技术等施工处理来实现装饰设计的方案与意图。设计师将成熟的设计构思反映到图纸上,施工人员则把施工图纸转化为工程实践。但是,在实际的装饰工程中往往不是如此简单。因为装饰施工过程也是一个再创作的过程,是对装饰设计质量的检验与进一步完善的过程。设计图纸毕竟是产生于工程施工之前,对于最终的装饰效果尚缺乏实感,而装饰工程施工的每一道工序都是在检验并进一步完善设计的科学性、合理性和实践性。由此可知,装饰工程并不是完全被动地接受设计,装饰施工技术人员应该是懂建筑,熟悉图纸,具有较高水平的操作技能并有良好的艺术素养的人才。每一个成功的室内装饰工程,都是设计者与施工人员共同的智慧和劳动的结晶。

室内装饰设计是实现建筑物装饰功能和装饰效果的首要条件,而室内装饰施工则是实现装饰效果的保证。对于每一个具体的装饰工程而言,只有通过设计师和施工人员双方的努力和配合,才能使装饰工程圆满完成,从而达到预期的目的。

1.3 室内装饰施工的验收标准

室内装饰工程涉及的施工内容较多,因而装饰工程的验收应根据具体的装饰内容和装饰部位进行评定。有关的项目验收应执行下列标准及规范:

(1) 中华人民共和国国家标准《建筑装饰装修工程质量验收规范》(GB 50210—2018)。

(2) 中华人民共和国国家标准《建筑工程施工质量验收统一标准》(GB 50300—2013)。

(3) 中华人民共和国国家标准《建筑地面工程施工质量验收规范》(GB 50209—2010)。

(4) 中华人民共和国国家标准《民用建筑工程室内环境污染控制规范》(GB 50325—2010)。

(5) 中华人民共和国国家标准《建设工程项目管理规范》(GB/T 50326—2017)。

(6) 中华人民共和国国家标准《建筑内部装修设计防火规范》(2001年修订版)(GB 50222—2017)。

(7) 中华人民共和国国家标准《住宅装饰装修工程施工规范》(GB 50327—2001)。

(8) 中华人民共和国国家标准《建筑内部装修防火施工及验收规范》(GB 50354—2005)。

(9) 中华人民共和国国家标准《建筑工程绿色施工规范》(GB/T 50905—

2014)。

由于建筑装饰材料的发展异常迅速，与之相应的施工工艺也不断出现。有些新材料的施工工艺在上述评定标准中没有涉及，因而在施工前应参照相应工程的质量标准以及行业标准，由甲方、设计方和施工单位制定出符合本工程的详尽施工质量标准。在施工中和施工后，由甲方、监理部门和质检部门根据规范和制定的质量标准进行施工质量控制和验收。

一个装饰工程是由多个分部分项工程组成的。装饰工程的分部分项工程质量等级可分为"合格"和"优良"。装饰工程的"合格"等级是指所含有的分部分项工程的质量全部合格；"优良"等级是指所含的分部分项工程的质量全部合格，而有50%以上的分部分项工程的质量等级为优良。

室内装饰工程的分部分项工程的"合格"和"优良"等级是按以下标准评定的：

1）合格

（1）保证项目必须符合相应的质量评定标准的规定。

（2）基本项目抽验处（件）应符合相应的质量评定标准的规定。

（3）允许偏差项目抽验的点数中，建筑（装饰）工程有70%及其以上，建筑设备安装工程有80%及其以上的实测值应在相应的质量评定标准的允许偏差范围内。

2）优良

（1）保证项目必须符合相应的质量检验评定标准的规定。

（2）基本项目每项抽验的处（件）应符合相应质量检验评定标准的合格规定，其中有50%及其以上的处（件）符合优良规定，该项即为优良；优良项数应占检验项数50%及其以上。

（3）允许偏差项目抽验的点数中，有90%及其以上的实测值在相应质量检验评定标准的允许偏差范围内。

在评定标准中，与"合格"和"优良"相应的三条标准必须全部符合要求时，该装饰工程的分部分项工程才能评为"合格"或"优良"。

装饰工程的最终质量等级是由各分部分项工程的质量等级汇总、质量保证资料的核查（如装饰材料及构件的出厂证明、隐蔽工程的验收记录等）和装饰部位的表观质量检查等三方面汇集而成的。

复习思考题

1. 装饰施工的特点和任务是什么？

2. 如何确定装饰的施工等级？

3. 建筑装饰施工的验收标准有哪些？

第二部分

施 工 工 艺

2 抹灰工程

一般抹灰工程施工工艺

1）工艺流程

基层清理 → 浇水湿润 → 吊垂直、套方、找规矩、抹灰饼 → 抹水泥踢脚或墙裙 → 做护角、抹水泥窗台 → 墙面充筋 → 抹底灰 → 修补预留孔洞、电箱槽、盒等 → 抹罩面灰。

2）操作工艺

（1）基层清理

① 砖砌体：应清除表面杂物、残留灰浆、舌头灰、尘土等。

② 混凝土基体：表面的油污应用浓度为 10% 的碱水洗刷；光滑的表面应进行凿毛或在表面洒水润湿后涂刷 1:1 水泥砂浆（加适量胶粘剂或界面剂）。

③ 加气混凝土基体：应在湿润后涂刷 1:1 水泥胶浆（掺水泥量 10% 的乳胶），以封闭孔隙、增加表面强度。必要时可在表面铺钉金属网。

（2）浇水湿润

一般在抹灰前一天，用软管或胶皮管或喷壶顺墙自上而下浇水湿润，每天宜浇两次。

（3）吊垂直、套方、找规矩、做灰饼（做标志块）

做灰饼时，先用托线板检查墙面的平整、垂直程度，确定抹灰厚度（最薄处不应小于 7 mm）。当墙面凹度较大时应分层衬平，每层厚度不大于 7～9 mm。再在墙两边上角按底、中层抹灰厚度，用砂浆各做一个灰饼。然后根据这两个灰饼，用托线板吊挂垂直，做出下角的两个灰饼。随后以左右两灰饼面为准，每隔 1.2～1.5 m 加做若干灰饼。

（4）抹水泥踢脚（或墙裙）

待灰饼稍干后，根据已抹好的灰饼在上下灰饼之间用砂浆抹一条宽 100 mm 左右的垂直灰埂，即标筋，此筋即为抹踢脚或墙裙的依据，同时作为中层抹灰的厚度控制和赶平的标准。底层抹 1:3 水泥砂浆，抹好后用大杠刮平，木抹搓毛，常温第二天用1∶2.5水泥砂浆抹面层并压光,抹踢脚或墙裙厚度应符合设计要求,无设计要求时凸出墙面5～7 mm为宜。凡凸出抹灰墙面的踢脚或墙裙上口必须保证光洁顺直,踢脚或墙面抹好将靠尺贴在大面与上口平,然后用小抹子将上口抹平压光,凸出墙面的棱角要做成钝角,不得出现毛槎和飞棱。

(5)做护角

当抹灰层为非水泥砂浆时,对墙、柱及门窗洞口的阳角,均需抹1∶2水泥砂浆护角,以提高强度,防止碰坏。同时,护角也起到标筋的作用,其高度一般不应低于2 m,每侧宽不小于50 mm。其做法见图2.1和图2.2,做好后将墙、柱的阳角处浇水湿润。第一步在阳角正面立上八字靠尺,靠尺突出阳角侧面,突出厚度与成活抹灰面平;然后在阳角侧面,依靠尺边抹水泥砂浆,并用铁抹子将其抹平,按护角宽度(不小于5 cm)将多余的水泥砂浆铲除。第二步待水泥砂浆稍干后,将八字靠尺移至抹好的护角面上(八字坡向外)。在阳角的正面,依靠尺边抹水泥砂浆,并用铁抹子将其抹平,按护角宽度将多余的水泥砂浆铲除。抹完后去掉八字靠尺,用素水泥浆涂刷护角尖角处,并用捋角器自上而下捋一遍,使形成钝角。

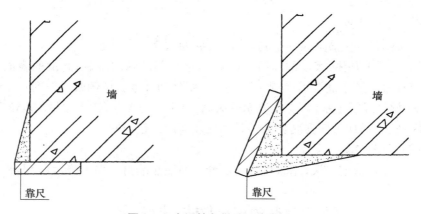

图2.1 水泥护角做法示意图

(6)抹水泥窗台

先将窗台基层清理干净,松动的砖要重新补砌好。砖缝划深,用水润透,然后用1∶2∶3豆石混凝土铺实,厚度宜大于2.5 cm,次日刷胶黏性素水泥一遍,随后抹1∶2.5水泥砂浆面层,待表面达到初凝后,浇水养护2～3 d,窗台板下口抹灰要平直,没有毛刺。

(7)墙面充筋

当灰饼砂浆达到七八成干时,即可用与抹灰层相同砂浆充筋,充筋根数应根据房间的宽度和高度确定,一般标筋宽度为5 cm。两筋间距不大于1.5 m。当墙面高度小于 3.5 m 时宜做立筋。大于 3.5 m 时宜做横筋,做横向冲筋时做灰饼的间距不宜大于 2 m。

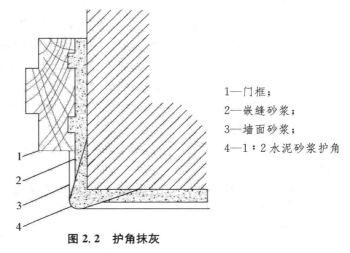

1——门框;
2——嵌缝砂浆;
3——墙面砂浆;
4——1:2 水泥砂浆护角

图 2.2 护角抹灰

(8)抹底灰

一般情况下在标筋及门窗口做好护角后即可进行,也叫装档。将砂浆涂抹于标筋之间,底层要低于标筋,抹时用力压实使砂浆挤入细小缝隙内,待收水后立即进行中层抹灰,厚度以略高于标筋为准。随即用木杠刮找平整,用木抹子搓压一遍。然后全面检查底子灰是否平整,阴阳角是否方直、整洁,管道后与阴角交接处、墙顶板交接处是否光滑平整、顺直,并用托线板检查墙面垂直与平整情况。散热器后边的墙面抹灰,应在散热器安装前进行,抹灰面接槎应平顺,地面踢脚板或墙裙、管道背后应及时清理干净,做到活完底清。

也可用机械喷涂,再由人工刮杠和抹平。机械喷涂抹灰能将砂浆的搅拌、运输和喷涂通过一套喷涂抹灰机组进行机械化施工,可大大减小劳动强度,加快施工进度,并可提高黏合强度。

(9)修抹预留孔洞、配电箱、槽、盒

当底灰抹平后,要随即由专人把预留孔洞、配电箱、槽、盒周边 5 cm 宽的石灰砂刮掉,并清除干净,用大毛刷沾水沿周边刷水湿润,然后用 1:1:4 水泥混合砂浆把洞口、箱、槽、盒周边压抹平整、光滑。

(10)抹罩面灰

室内抹灰常用的面层材料有混合砂浆、纸筋石灰、石膏灰等。在底灰五六成干时抹罩面灰(底灰过干应浇水湿润),纸筋灰或石膏灰应分纵横 2 遍涂抹,厚度约 1～2 mm,操作时最好两人同时配合进行,一人先刮一遍薄灰,另一人随即抹平。依先上后下的顺序进行,然后搽实压光,压时要掌握火候,不要出现水纹,压好后随即用毛刷蘸水将罩面灰污染处清理干净。

3）质量要求

抹灰工程质量要求是黏结牢固，无开裂、空鼓和脱落，施工过程应注意：

（1）抹灰基体表面应彻底清理干净，对于表面光滑的基体应进行毛化处理。

（2）抹灰前应将基体充分浇水均匀润透，防止基体浇水不透造成抹灰砂浆中的水分很快被基体吸收，造成质量问题。

（3）抹灰层与基层之间的各抹灰层之间必须黏结牢固，抹灰层无脱层、空鼓，面层应无爆灰和裂缝。

（4）严格各层抹灰厚度，防止一次抹灰过厚，造成干缩率增大，造成空鼓、开裂等质量问题。

（5）抹灰砂浆中使用材料应充分水化，防止影响黏结力。

复习思考题

1. 一般抹灰工程施工工艺流程有哪些？
2. 一般抹灰工程的质量要求是什么？

3 吊顶工程

3.1 轻钢龙骨活动面板顶棚施工工艺

1）工艺流程

顶棚标高弹水平线 → 吊杆安装 → 安装边龙骨→ 安装主龙骨 → 安装次龙骨
→ 安装罩面板 → 安装压条。

2）操作工艺

（1）弹线

用水准仪在房间内每个墙（柱）角上抄出水平点（若墙体较长，中间也应适当抄
几个点），弹出水准线（水准线距地面一般为 500 mm），从水准线量至吊顶设计高度
加上 12 mm（一层石膏板的厚度），用粉线沿墙（柱）弹出水准线，即为吊顶次龙骨的
下皮线。同时，按吊顶平面图，在混凝土顶板弹出主龙骨的位置。主龙骨应从吊顶
中心向两边分，最大间距为 1 000 mm，并标出吊杆的固定点，吊杆的固定点间距
900～1 000 mm。如遇到梁和管道固定点大于设计和规程要求，应增加吊杆的
固定点。

（2）固定吊挂杆件

采用膨胀螺栓固定吊挂杆件。不上人的吊顶，吊杆长度小于 1 000 mm，可以
采用 $\phi 6$ 的吊杆，如果大于 1 000 mm，应采用 $\phi 8$ 的吊杆，还应设置反向支撑。吊杆
可以采用冷拔钢筋和盘圆钢筋，但采用盘圆钢筋应采用机械将其拉直。上人的吊
顶，吊杆长度小于 1 000 mm，可以采用 $\phi 8$ 的吊杆，如果大于 1 000 mm，应采用 $\phi 10$
的吊杆，还应设置反向支撑。吊杆的一端同L 30×30×3 角码焊接（角码的孔径应
根据吊杆和膨胀螺栓的直径确定），另一端可以用攻丝套出大于 100 mm 的丝杆，
也可以买成品丝杆焊接。制作好的吊杆应做防锈处理，吊杆用膨胀螺栓固定在楼
板上，用冲击电锤打孔，孔径应稍大于膨胀螺栓的直径（图 3.1）。

（3）在梁上设置吊挂杆件

① 吊挂杆件应通直并有足够的承载能力。当预埋的杆件需要接长时，必须搭
接焊牢，焊缝要均匀饱满。

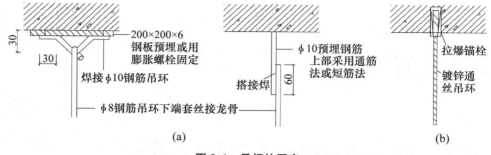

图 3.1　吊杆的固定

② 吊杆距主龙骨端部距离不得超过 300 mm,否则应增加吊杆。

③ 吊顶灯具、风口及检修口等应设附加吊杆。

（4）安装边龙骨

边龙骨的安装应按设计要求弹线,沿墙（柱）上的水平龙骨线把 L 形镀锌轻钢条用自攻螺丝固定在预埋木砖上;如为混凝土墙（柱）,可用射钉固定,射钉间距应不大于吊顶次龙骨的间距。

（5）安装主龙骨

① 将主龙骨通过垂直吊挂件与吊杆连接。主龙骨间距 900～1000 mm。主龙骨分为轻钢龙骨和 T 形龙骨。轻钢龙骨可选用 UC50 中龙骨和 UC38 小龙骨。主龙骨应平行房间长向安装,同时应起拱,起拱高度为房间短向跨度的 $1/200 \sim 1/300$。主龙骨的悬臂段不应大于 300 mm,否则应增加吊杆。主龙骨一般选用连接件接长,也可以焊接,宜点焊,连接件要错位安装。主龙骨挂好后应基本调平。

② 跨度大于 15 m 以上的吊顶,应在主龙骨上,每隔 15 m 加一道大龙骨,并垂直主龙骨焊接牢固,加强侧向稳定性及吊顶整体性。

③ 如有大的造型顶棚,造型部分应用角钢或扁钢焊接成框架,并应与楼板连接牢固。

（6）安装次龙骨

次龙骨分明龙骨和暗龙骨两种。暗龙骨吊顶:即安装罩面板时将次龙骨封闭在棚内,在顶棚表面看不见次龙骨。明龙骨吊顶:即安装罩面板时次龙骨明露在罩面板下,在顶棚表面能够看见次龙骨。次龙骨应紧贴主龙骨安装,在次龙骨与主龙骨的交叉布置点,使用其配套的 T 形龙骨挂件,将二者上下连接固定,挂件的下部勾住次龙骨,上端搭在主龙骨上,将其 U 形或 W 形腿用钳子嵌入主龙骨内,如图 3.2。次龙骨间距 300～600 mm,次龙骨不得搭接。次龙骨分为 T 形烤漆龙骨、T 形铝合金龙骨和各种条形扣板厂家配备的专用龙骨。次龙骨的两端应搭在 L 形边龙骨的水平翼缘上,条形扣板有专用的阴角线做边龙骨。边龙骨宜沿墙面或柱面标高线钉牢,钉距不宜大于 500 mm。边龙骨一般不承重,只起封口收边的作用。

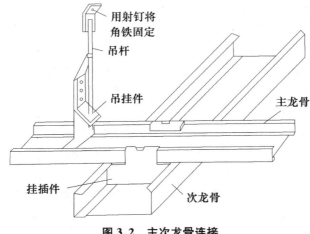

图 3.2　主次龙骨连接

（7）罩面板安装

吊挂顶棚罩面板常用的板材有吸声矿棉板、硅钙板、塑料板、格栅和各种扣板等。

① 矿棉装饰吸声板安装。规格一般分为 300 mm×600 mm、600 mm×600 mm、600 mm×1 200 mm 三种。300 mm×600 mm 的多用于暗插龙骨吊顶,将面板插于次龙骨上。600 mm×600 mm 及 600 mm×1 200 mm 一般用于明装龙骨,将面板直接搁于龙骨上。安装时,应注意板背面的箭头方向和白线方向一致,以保证花样、图案的整体性;饰面板上的灯具、烟感器、喷淋头、风口箅子等设备的位置应合理、美观,与饰面的交接应吻合、严密。

② 硅钙板、塑料板安装。规格一般为 600 mm×600 mm,一般用于明装龙骨,将面板直接搁于龙骨上。安装时,应注意板背面的箭头方向和白线方向一致,以保证花样、图案的整体性;饰面板上的灯具、烟感器、喷淋头、风口箅子等设备的位置应合理、美观,与饰面的交接应吻合、严密。

③ 格栅安装。规格一般为 100 mm×100 mm、150 mm×150 mm、200 mm×200 mm 等多种方形格栅,一般用卡具将饰面板板材卡在龙骨上。

④ 扣板安装。规格一般为 100 mm×100 mm、150 mm×150 mm、200 mm×200 mm、600 mm×600 mm 等多种方形塑料板,还有宽度为 100 mm、150 mm、200 mm、300 mm、600 mm 等多种条形塑料板,一般用卡具将饰面板板材卡在龙骨上。

3）质量要求

（1）轻钢骨架和罩面板的材质、品种、式样、规格应符合设计要求，在运输、储存及安装过程中做好保护，防止变形、污损、划痕。

（2）吊顶龙骨必须牢固、平整。利用吊杆或吊筋螺栓调整拱度。安装龙骨时应严格按放线的水平标准和规方线组装周边骨架。受力节点应装订严密、牢固。保证龙骨的整体刚度。龙骨的尺寸应符合设计要求，纵横拱度均匀，互相适应。吊顶龙骨严禁有硬弯，如有必须调直再进行固定。

（3）吊顶面层必须平整。施工前应弹线，中间按平线起拱。长龙骨的接长应采用对接；相邻龙骨接头要错开，避免主龙骨向一边倾斜。龙骨安装完毕，经验查合格后再安装饰面板。吊件必须安装牢固，严禁松动变形。龙骨分格的几何尺寸必须符合设计要求和饰面板块的模数。饰面板的品种、规格符合设计要求，外观质量必须符合材料质量要求。

（4）罩面板安装，需在吊顶内的管线及设备调试及验收完成，且龙骨安装完毕并通过隐检验收后进行。应无脱层、翘曲、折裂、缺棱掉角等缺陷，安装必须整齐。

（5）吊顶龙骨不得悬吊在设备、管线上。较大灯具处应做加强龙骨，大于 3 kg 的重型灯具、电扇及其他重型设备严禁安装在吊顶龙骨上，应单独悬挂。

（6）吊顶工程的预埋件、钢吊杆等均应进行防锈处理。

4）成品保护

（1）轻钢骨架及罩面板安装应注意保护顶棚内各种管线。轻钢骨架的吊杆、龙骨不准固定在通风管道及其他设备上。

（2）轻钢骨架、罩面板及其他吊顶材料在入场存放、使用过程中严格管理，板上不宜放置其他材料，保证板材不受潮、不变形。

（3）施工顶棚部位时已安装的门窗和已施工完毕的地面、墙面、窗台等应注意保护，防止污损。

（4）已装轻钢骨架不得上人踩踏。其他工种吊挂件或重物严禁吊于轻钢骨架上。

（5）为了保护成品，罩面板安装必须在棚内管道、试水、保温等一切工序全部验收后进行。

3.2 轻钢龙骨固定面板顶棚施工工艺

1) 工艺流程

顶棚标高弹水平线 → 吊杆安装→ 安装边龙骨 → 安装主龙骨 → 安装次龙骨 → 安装罩面板 → 安装压条。

2) 操作工艺

(1) 弹线

用水准仪在房间内每个墙(柱)角上抄出水平点(若墙体较长,中间也应适当抄几个点),弹出水准线(水准线距地面一般为 500 mm),从水准线量至吊顶设计高度加上 12 mm(一层石膏板的厚度),用粉线沿墙(柱)弹出水准线,即为吊顶次龙骨的下皮线。同时,按吊顶平面图,在混凝土顶板弹出主龙骨的位置。主龙骨应从吊顶中心向两边分,最大间距为 1 000 mm,并标出吊杆的固定点,吊杆的固定点间距900～1 000 mm,如遇到梁和管道固定点大于设计和规程要求,应增加吊杆的固定点。

(2) 固定吊挂杆件

采用膨胀螺栓固定吊挂杆件。不上人的吊顶,吊杆长度小于 1 000 mm,可以采用 φ6 的吊杆。如果大于 1 000 mm,应采用 φ8 的吊杆,还应设置反向支撑。吊杆可以采用冷拔钢筋和盘圆钢筋,但采用盘圆钢筋应用机械将其拉直。上人的吊顶,吊杆长度小于 1 000 mm,可以采用 φ8 的吊杆,如果大于 1 000 mm,应采用 φ10 的吊杆,还应设置反向支撑,吊杆的一端同 L 30×30×3 角码焊接(角码的孔径应根据吊杆和膨胀螺栓的直径确定),另一端可以用攻丝套出大于 100 mm 的丝杆,也可以买成品丝杆焊接。制作好的吊杆应做防锈处理,吊杆用膨胀螺栓固定在楼板上,用冲击电钻打孔,孔径应稍大于膨胀螺栓的直径。

(3) 在梁上设置吊挂杆件

① 吊挂杆件应通直并有足够的承载能力。当预埋的杆件需要接长时,必须搭接焊牢,焊缝要均匀饱满。

② 吊杆距主龙骨端部不得超过 300 mm,否则应增加吊杆。

③ 吊顶灯具、风口及检修口等应设附加吊杆。

(4) 安装边龙骨

边龙骨的安装应按设计要求弹线,沿墙(柱)上的水平龙骨线把 L 形镀锌轻钢条用自攻螺丝固定在预埋木砖上,如为混凝土墙(柱)上可用射钉固定,射钉间距应不大于吊顶次龙骨的间距。

（5）安装主龙骨

① 将主龙骨通过垂直吊挂件与吊杆连接。主龙骨间距 900～1 000 mm。主龙骨分为不上人 UC38 小龙骨和上人 UC60 大龙骨两种。主龙骨宜平行房间长向安装,同时应起拱,起拱高度为房间短向跨度的 1/200～1/300。主龙骨的悬臂段不应大于 300 mm,否则应增加吊杆。主龙骨一般选用连接件接长,也可以焊接,但宜点焊,连接件要错位安装。主龙骨挂好后应基本调平。

② 跨度大于 15 m 以上的吊顶,应在主龙骨上,每隔 15 m 加一道大龙骨,并垂直主龙骨焊接牢固,以加强侧向稳定性及吊顶整体性。

③ 如有大的造型顶棚,造型部分应用角钢或扁钢焊接成框架,并应与楼板连接牢固。

④ 吊顶如设检修走道,应另设附加吊挂系统,用 10 mm 的吊杆与长度为 1 200 mm 的 L 15×15 角钢横担用螺栓连接,横担间距为 1 800～2 000 mm,在横担上铺设走道,可以用 6 号槽钢两根间距 600 mm,之间用 10 mm 的钢筋焊接,钢筋的间距为@100,将槽钢与横担角钢焊接牢固,在走道的一侧设有栏杆,高度为 900 mm,可以用 L 50×4 的角钢做立柱,焊接在走道槽钢上,之间用-30×4 的扁钢连接。

（6）安装次龙骨

次龙骨应紧贴主龙骨安装,在次龙骨与主龙骨的交叉布置点,使用其配套的 T 形龙骨挂件将二者上下连接固定,挂件的下部勾住次龙骨,上端搭在主龙骨上,将其 U 形或 W 形腿用钳子嵌入主龙骨内。次龙骨间距 300～600 mm。用 T 形镀锌铁片连接件把次龙骨固定在主龙骨上时,次龙骨的两端应搭在 L 形边龙骨的水平翼缘上,墙上应预先标出次龙骨中心线的位置,以便安装罩面板时找到次龙骨的位置。当用自攻螺丝钉安装板材时,板材接缝处必须安装在宽度不小于 40 mm 的次龙骨上。次龙骨不得搭接。在检修、通风、水电等洞口周围应设附加龙骨,附加龙骨的连接用拉铆钉铆固。

吊顶灯具、风口及检修口等应设附加吊杆和补强龙骨。

（7）罩面板安装

吊挂顶棚罩面板常用的板材有纸面石膏板、纤维水泥板、防潮板等。选用板材应考虑牢固可靠,装饰效果好,便于施工和维修,也要考虑重量轻、防火、吸声、隔热、保温等要求。

① 纸面石膏板安装

a. 饰面板应在自由状态下固定,防止出现弯棱、凸鼓的现象。还应在棚顶四周封闭的情况下安装固定,防止板面受潮变形。

b. 纸面石膏板的长边(即包封边)应沿纵向次龙骨铺设。

c. 自攻螺钉与纸面石膏板边的距离,距长边(即包封边)以 10～15 mm 为宜,距切割边(即短边)以 15～20 mm 为宜。

d. 固定次龙骨的间距,一般不应大于 600 mm。在南方潮湿地区,间距应适当减小,以 300 mm 为宜。

e. 钉距以 150～170 mm 为宜,螺丝应与板面垂直,已弯曲、变形的螺丝应剔除,并在相隔 50 mm 的部位另安螺丝。

f. 安装双层石膏板时,面层板与基层板的接缝应错开,不得在一根龙骨上。

g. 石膏板的接缝应留适当的缝口嵌腻子,在板缝处用刮刀将嵌缝腻子嵌密实,待干后再刮厚 3 mm、宽 50～60 mm 腻子,随即贴上防裂带,用刮刀顺着纸带方向刮压,使腻子均匀地挤动纸带,接缝处清理干净、平滑。

h. 纸面石膏板与龙骨固定,应从一块板的中间向板的四边循序固定,不得多点同时作业。

i. 螺丝钉头宜略埋入板面,但不得损坏纸面,钉眼应作防锈处理并用石膏腻子抹平。

j. 拌制石膏腻子时,必须用清洁水和清洁容器。

② 纤维水泥板(埃特板)安装

a. 龙骨间距、螺钉与板边的距离及螺钉间距等应满足设计要求和有关产品的要求。

b. 纤维水泥加压板与龙骨固定时,所用手电钻钻头的直径应比选用螺钉直径小 0.5～1.0 mm;固定后,钉帽应作防锈处理,并用油性腻子嵌平。

c. 用密封胶、石膏腻子或掺界面剂胶的水泥砂浆嵌涂板缝并刮平,硬化后用砂纸磨光,板缝宽度应小于 50 mm,板材的开孔和切割应按产品的有关要求进行。

③ 防潮板

a. 饰面板应在自由状态下固定,防止出现弯棱、凸鼓的现象。

b. 防潮板的长边(即包封边)应沿纵向次龙骨铺设。

c. 自攻螺丝与防潮板板边的距离以 10～15 mm 为宜,切割的板边以 15～20 mm为宜。

d. 固定次龙骨的间距,一般不应大于 600 mm。在南方潮湿地区,钉距以 150～170 mm 为宜。螺丝应与板面垂直,已弯曲、变形的螺丝应剔除。

e. 层板接缝应错开,不得在一根龙骨上。

f. 防潮板的接缝应留适当的缝口嵌腻子,在板缝处用刮刀将嵌缝腻子嵌密实,待干后再刮厚 3 mm、宽 50～60 mm 腻子,随即贴上防裂带,用刮刀顺着纸带方向刮压,使腻子均匀地挤动纸带,接缝处清理干净、平滑。

g. 防潮板与龙骨固定时,应从一块板的中间向板的四边进行固定,不得多点同时作业。

h. 螺丝钉头宜略埋入板面,钉眼应作防锈处理并用石膏腻子抹平。

④ 饰面板上的灯具、烟感器、喷淋头、风口箅子等设备的位置应合理、美观,与饰面的交接应吻合、严密。并做好检修口的预留,使用材料应与母体相同,安装时应严格控制整体性、刚度和承载力。

3)质量要求

(1)轻钢骨架和罩面板的材质、品种、式样、规格应符合设计要求,在运输、储存及安装过程中做好保护,防止变形、污损、划痕。

(2)吊顶龙骨必须牢固、平整。利用吊杆或吊筋螺栓调整拱度。安装龙骨时应严格按放线的水平标准线和规方线组装周边骨架。受力节点应装订严密、牢固,保证龙骨的整体刚度。龙骨的尺寸应符合设计要求,纵横拱度均匀,互相适应。吊顶龙骨严禁有硬弯,如有必须调直再进行固定。

(3)吊顶面层必须平整。施工前应弹线,中间按平线起拱。长龙骨的接长应采用对接;相邻龙骨接头要错开,避免主龙骨向一边倾斜。龙骨安装完毕,经检查合格后再安装饰面板。吊件必须安装牢固,严禁松动变形。龙骨分格的几何尺寸必须符合设计要求和饰面板块的模数。饰面板的品种、规格符合设计要求,外观质量必须符合材料技术标准的规格。

(4)罩面板应表面平整、洁净、颜色一致,无污染、脱层、翘曲、折裂、缺棱掉角等缺陷,安装必须牢固。

4)成品保护

(1)轻钢骨架及罩面板安装应注意保护顶棚内各种管线。轻钢骨架的吊杆、龙骨不准固定在通风管道及其他设备上。

(2)轻钢骨架、罩面板及其他吊顶材料在入场存放、使用过程中严格管理,保证不变形、不受潮、不生锈。

(3)施工顶棚部位已安装的门窗和已施工完毕的地面、墙面、窗台等应注意保护,防止污损。

(4)已装轻钢骨架不得上人踩踏。其他工种吊挂件不得吊于轻钢骨架上。

(5)为了保护成品,罩面板安装必须在棚内管道、试水、保温等一切工序全部完成验收后进行。

3.3 轻钢龙骨金属面板顶棚施工工艺

1）工艺流程

顶棚标高弹水平线 → 画龙骨分档线 → 安装水电管线 → 固定吊挂杆件 → 安装主龙骨 → 安装次龙骨 → 安装罩面板 → 安装压条。

2）操作工艺

（1）弹线

用水准仪在房间内每个墙(柱)角上抄出水平点(若墙体较长,中间也应适当抄几个点),弹出水准线(水准线距地面一般为 500 mm),从水准线量至吊顶设计高度加上金属板的厚度和折边的高度,用粉线沿墙(柱)弹出水准线,即为吊顶次龙骨的下皮线,同时,按吊顶平面图,在混凝土顶板弹出主龙骨的位置。主龙骨应从吊顶中心向两边分,最大间距为 1 000 mm,遇到梁和管道固定点大于设计和规程要求,应增加吊杆的固定点。

（2）固定吊挂杆件

用膨胀螺栓固定吊挂杆件。不上人的吊顶,吊杆长度小于 1 000 mm,可以采用 φ6 的吊杆,如果大于 1 000 mm,应采用 φ8 的吊杆,还应设置反向支撑。吊杆可以采用冷拔钢筋和盘圆钢筋,但采用盘圆钢筋应采用机械将其拉直。上人的吊顶,吊杆长度小于 1 000 mm,可以采用 φ8 的吊杆,如果大于 1 000 mm,就采用 φ10 的吊杆,并设置反向支撑,吊杆的一端同 L 30×30×3 角码焊接(角码的孔径应根据吊杆和膨胀螺栓的直径确定),另一端可以用攻丝套出大于 100 mm 的丝杆,也可以买成品丝杆焊接。制作好的吊杆应做防锈处理。制作好的吊杆用膨胀螺栓固定在楼板上,用冲击电钻打孔,孔径应稍大于膨胀螺栓的直径。

（3）龙骨安装

① 安装边龙骨。边龙骨的安装应按设计要求弹线,沿墙(柱)上的水平龙骨线把 L 形镀锌轻钢条用自攻螺丝固定在预埋木砖,如为混凝土墙(柱)上可用射钉固定,射钉间距应不大于吊顶次龙骨的间距。如罩面板是固定的单铝板或铝塑板可以用密封胶直接收边,也可以加阴角进行修饰。

② 安装主龙骨。主龙骨应吊挂在吊杆上。主龙骨间距 900～1 000 mm。主龙骨分不上人 UC38 小龙骨和上人 UC60 大龙骨两种。主龙骨一般宜平行房间长向安装,同时应起拱,起拱高度为房间跨度的 1/200～1/300。主龙骨的悬臂段不应大于 300 mm,否则应增加吊杆。主龙骨的接长应采取对接,相邻龙骨的对接接头要相互错开。主龙骨挂好后应基本调平。

如罩面板是固定的单铝板或铝塑板,也可以用型钢或方铝管做主龙骨,与吊杆直接焊接或螺栓(铆接)连接。

吊顶如设检修走道,应另设附加吊挂系统,用 10 mm 的吊杆与长度为 1 200 mm的 L 45×5 角钢横担间距为 1 800~2 000 mm,在横担上铺设走道,可以用 6 号槽钢两根间距 600 mm,之间用 10 mm 的钢筋焊接,钢筋的间距为 100 mm,将槽钢与横担角钢焊接牢固,在走道的一侧设有栏杆,高度为 900 mm,可以用 L 50×4 的角钢做立柱,焊接在走道槽钢上,之间用- 30×4 的扁钢连接。

③ 安装次龙骨。次龙骨间距根据设计要求施工。可以用型钢或方铝管做主龙骨,与吊杆直接焊接或螺栓连接,条形或方形的金属罩面板的次龙骨,应使用专用次龙骨,与主龙骨直接连接。

用 T 形镀锌铁片连接件把次龙骨固定在主龙骨上时,次龙骨的两端应搭在 L 形边龙骨的水平翼缘上。在通风、水电等洞口周围应设附加龙骨,附加龙骨的连接用拉铆钉铆固。

(4)罩面板安装

吊挂顶棚罩面板常用的板材有条形金属扣板,规格一般为 100 mm、150 mm、200 mm 等;还有设计要求的各种特定异形的条形金属扣板。方形金属扣板,规格一般为 300 mm×300 mm、600 mm×600 mm 等吸声和不吸声的方形金属扣板;还有面板是固定的单铝板或铝塑板。

① 铝塑板安装。铝塑板采用单面铝塑板,根据设计要求,裁成需要的形状,用胶贴在事先封好的底板上,可以根据设计要求留出适当的胶缝。

胶粘剂粘贴时,涂胶应均匀;粘贴时,应采用临时固定措施,并应及时擦去挤出的胶液;在打封闭胶时,应先用美纹纸带将饰面板保护好,待胶打好后,撕去美纹纸带,清理板面。

② 单铝板或铝塑板安装。将板材加工折边,在折边上加上铝角,再将板材用拉铆钉固定在龙骨上,可以根据设计要求留出适当的胶缝,在胶缝中填充泡沫胶棒,在打封闭胶时,应先用美纹纸带将饰面板保护好,待胶打好后,撕去美纹纸带,清理板面。

③ 金属(条、方)扣板安装。条板式吊顶龙骨一般可直接吊挂,也可以增加主龙骨,主龙骨间距不大于1 000 mm,条板式吊顶龙骨形式与条板配套。

方板吊顶次龙骨分明装 T 形和暗装卡口两种,可根据金属方板式样选定;次龙骨与主龙骨间用固定件连接。

金属板吊顶与四周墙面所留空隙,用金属压条与吊顶找齐,金属压缝条的材质宜与金属板面相同。

饰面板上的灯具、烟感器、喷淋头、风口算子等设备的位置应合理、美观,与饰面的交接应吻合、严密。并做好检修口的预留,使用材料宜与母体相同,安装时应严格控制整体性、刚度和承载力。

④ 大于 3 kg 的重型灯具、电扇及其他重型设备严禁安装在吊顶工程的龙骨上。

3）质量要求

（1）轻钢骨架和罩面板的材质、品种、式样、规格应符合设计要求。

（2）吊顶龙骨必须牢固、平整。利用吊杆或吊筋螺栓调整拱度。安装龙骨时应严格按放线的水平标准线和规方线组装周边骨架。受力接点应装订严密、牢固,保证龙骨的整体刚度。龙骨的尺寸应符合设计要求,纵横拱度均匀,互相适应。吊顶龙骨严禁有硬弯,如有必须调直再进行固定。

（3）吊顶面层必须平整。施工前应弹线,中间按平线起拱。长龙骨的接长应采用对接,相邻龙骨接头要错开,避免主龙骨向一边倾斜。龙骨安装完毕,应经检查合格后再安装饰面板。吊件必须安装牢固,严禁松动变形。龙骨分格的几何尺寸必须符合设计要求和饰面板块的模数。饰面板的品种、规格符合设计要求,外观质量必须符合材料技术标准的规格。旋紧装饰板的螺丝时,避免板的两端紧中间松,表面出现凹形,板块调平规方后方可组装,不妥处应经调整再进行固定。边角处的固定点要准确,安装要密合。

（4）罩面板表面应平整、洁净,无污染、脱层、翘曲、折裂、缺棱掉角等缺陷,安装必须牢固、平整、色泽一致。

（5）接缝应平直。板块装饰前应严格控制其角度和周边的规整性,尺寸要一致。安装时应拉通线找直,并按拼缝中心线排放饰面板,排列必须保持整齐。安装时应沿中心线和边线进行,并保持接缝均匀一致。压条应沿装订线钉装,应平顺光滑,线条整齐,接缝密合。

4）成品保护

（1）轻钢骨架及罩面板安装应注意保护顶棚内各种管线。轻钢骨架的吊杆、龙骨不准固定在通风管道及其他设备上。

（2）轻钢骨架、罩面板及其他吊顶材料在入场存放、使用过程中严格管理,保证不变形、不受潮、不生锈。

（3）施工顶棚部位已安装的门窗和已施工完毕的地面、墙面、窗台等应注意保护,防止污损。

（4）已装轻钢骨架不得上人踩踏;其他工种吊挂件不得吊于轻钢骨架上。

（5）为了保护成品,罩面板安装必须在棚内管道、试水、保温等一切工序全部验收后进行。

（6）安装装饰面板时，施工人员应戴线手套，以防污染板面。

复习思考题

1. 轻钢龙骨架活动面板、固定面板、金属面板顶棚施工工艺流程有哪些？
2. 轻钢龙骨固定面板顶棚施工如何安装主龙骨？
3. 轻钢龙骨架活动面板顶棚施工如何安装次龙骨？
4. 如何安装纸面石膏板？
5. 轻钢龙骨架活动面板、固定面板、金属面板顶棚施工的质量要求有哪些？

4 轻质隔墙工程

4.1 木龙骨板材隔断(墙)施工工艺

1)工艺流程

弹隔墙定位线 → 画龙骨分档线 → 安装大龙骨 → 安装小龙骨 → 防腐处理 → 安装罩面板 → 安装压条。

2)操作工艺

(1)弹线打孔

根据施工图,在基体上弹出隔断墙的宽度线和中心线,同时画出固定点位置。按照 300～400 mm 的间距,用直径 7.8 mm 或 10.8 mm 的钻头在中心线上打深 45 mm 左右的孔,再向孔内放置 M8 或 M6 的膨胀螺栓。打孔的位置要与骨架竖向木方错开。

(2)固定骨架

木骨架的固定要求在不破坏原建筑结构并牢固可靠的前提下进行。一般采用最常见的膨胀螺栓、木楔铁钉法固定,固定前,标出相应的固定点的位置,便于准确安装。

① 全封隔断墙固定位置是沿墙面、顶面、地面处。

② 半高隔断墙主要靠地面和端头的建筑墙固定。

③ 各种木隔断墙的门框竖向木方,均采用铁件加固法。否则,木隔断墙将会因门的开闭而出现较大颤动,进而使门框、木隔断墙松动。

④ 骨架安装的允许偏差应符合表 4.1。

表 4.1　隔断骨架允许偏差

项　次	项　目	允许偏差(mm)	检　验　方　法
1	立面垂直	2	用 2 m 托线板检查
2	表面平整	2	用 2 m 直尺和楔形塞尺检查

(3)隔断墙与吊顶的连接

如果隔断墙的顶端是与吊顶面相接触,其处理方法要根据不同的吊顶结构而定。

① 无门隔断墙,当与铝合金或轻钢龙骨吊顶接触时,要求接缝缝隙小、平直。当与木龙骨吊顶面接触时,应将木隔断墙的沿顶木龙骨与吊顶木龙骨钉接起来。

② 有门隔断墙,考虑门开闭时的振动和人的碰撞,顶端也要进行固定。其固定的方法为:木隔断的竖向龙骨穿过吊顶面,在吊顶面以上与建筑层进行固定。固定的方法是斜角支撑法,支撑杆可以是木方或角铁,与建筑层的顶面夹角以 60° 为宜,并用木楔铁钉或膨胀螺栓来固定,如图 4.1 所示。

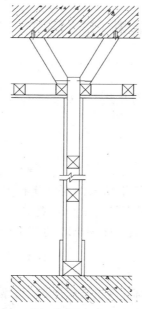

图 4.1　门窗的竖向龙骨与顶面的固定示意图

（4）罩面板安装

① 石膏板安装

a. 安装石膏板前,应对预埋隔断中的管道和附于墙内的设备采取局部加强措施。

b. 石膏板宜竖向铺设,长边接缝宜落在竖向龙骨上。双面石膏罩面板安装应与龙骨一侧的内两层石膏板错缝排列,接缝不应落在同一根龙骨上。需要隔声、保温、防火的应根据设计要求在龙骨一侧安装好石膏罩面板后进行隔声、保温、防火等材料的填充。一般采用玻璃丝棉或 30~100 mm 岩棉板进行隔声、防火处理;采用 50~100 mm 苯板进行保温处理。再封闭另一侧的板。

c. 石膏板应采用自攻螺钉固定。周边螺钉的间距不应大于 200 mm,中间部分螺钉的间距不应大于 300 mm,螺钉与板边缘的距离应为 10~16 mm。

d. 安装石膏板时,应从板的中部开始向板的四边固定。钉头略埋入板内,但不得损坏纸面;钉眼应用石膏腻子抹平;钉头应做防锈处理。

e. 石膏板应按框格尺寸裁割准确;就位时应与框格靠紧,但不得强压。

f. 隔墙端部的石膏与周围的墙或柱应留有 3 mm 的槽口。施工铺罩面板时,应先在槽口处加注嵌缝膏,然后铺板并挤压嵌缝膏使面板与邻近表面接触紧密。

g. 在丁字形或十字形相接处,如为阴角应用腻子嵌满,贴上接缝带,如为阳角应做护角;石膏板的接缝,一般应留 3~6 mm 缝,必须坡口与坡口相接。

② 胶合板和纤维水泥板(埃特板)、人造木板安装

a. 安装胶合板、人造木板的基体表面,需有油毡、防潮剂,应铺设平整,搭接严密,不得有皱褶、裂缝和透孔等。

b. 胶合板、人造木板采用直钉固定,钉距为 80~150 mm,钉帽应打扁并钉入板面 0.5~1 mm;钉眼用油性腻子抹平。

c. 胶合板、人造木板涂刷清油等涂料时,相邻板面的木纹和颜色应近似。

d. 需要隔声、保温、防火的应根据设计要求在龙骨安装好后,进行隔声、保温、防火等材料的填充;一般采用玻璃丝棉或 30~100 mm 岩棉板进行隔声、防火处理;采用 50~100 mm 苯板进行保温处理。再封闭罩面板。

e. 墙面用胶合板、纤维板装饰时,阳角处宜做护角;硬质纤维板应用水浸透,自然阴干后安装。

f. 胶合板、纤维板用木压条固定时,钉距不应大于 200 mm,钉帽应打扁,并钉入木压条 0.5~1 mm,钉眼用油性腻子抹平。

g. 用胶合板、人造木板、纤维板作罩面时,应符合防火的有关规定。在湿度较大的房间,不得使用未经防水处理的胶合板和纤维板。墙面安装胶合板时,阳角处应做护角,以防板边角损坏。

③ 塑料板安装

塑料板安装方法一般有黏结和钉结两种。

a. 黏结

聚氯乙烯塑料装饰板用胶粘剂黏结。

(a) 胶粘剂:聚氯乙烯胶粘剂(601胶)或聚醋酸乙烯胶。

(b) 操作方法:用刮板或毛刷同时在墙面和塑料板背面涂刷,不得有漏刷。涂胶后见胶液流动性显著消失,用手接触胶层感觉黏性较大时,即可黏结。黏结后应采用临时固定措施,同时将挤压在板缝中多余的胶液刮除,将板面擦净。

b. 钉接

(a) 安装塑料贴面板、复合板应预先钻孔,再用木螺丝加垫圈紧固,也可用金属压条固定。木螺丝的钉距一般为 400~500 mm,排列应一致整齐。

（b）加金属压条时，应拉横竖通线拉直，并用钉子将塑料贴面复合板临时固定，然后加盖金属压条，用垫圈找平固定。

④ 铝合金装饰条板安装

用铝合金装饰条板装饰墙面时，可用螺钉直接固定在结构层上，也可用锚固件悬挂或嵌卡的方法，将板固定在墙筋上。

3）质量要求

（1）木龙骨和罩面板材质、品种、规格、式样应符合设计要求和施工规范的规定。

（2）木骨架应顺直，无弯曲、变形和劈裂。

（3）沿顶和沿地龙骨与主体结构连接牢固，无松动，位置正确。保证隔断的整体性。

（4）罩面板应经严格选材，无脱层、翘曲、折裂、缺棱掉角等缺陷，表面应平整光洁。安装罩面板前应严格检查龙骨的垂直度和平整度，安装必须牢固。

（5）罩面板之间的缝隙或压条宽窄应一致，整齐平直，压条与板接封严密。

4）成品保护

（1）隔断墙木骨架及罩面板安装时，应注意保护顶棚内装好的各种管线、木骨架的吊杆。

（2）施工部位已安装的门窗和已施工完的地面、墙面、窗台等应注意保护，防止损坏。

（3）条木骨架材料，特别是罩面板材料，在进场、存放、使用过程中应妥善管理，使其不变形、不受潮、不损坏、不污染。

4.2　玻璃隔断（墙）施工工艺

1）工艺流程

弹隔断墙定位线 → 画龙骨分档线 → 安装电管线设施 → 安装大龙骨 → 安装小龙骨 → 防腐处理 → 安装玻璃 → 打玻璃胶 → 安装压条。

2）操作工艺

（1）弹线

根据楼层设计标高水平线，顺墙高量至顶棚设计标高，沿墙弹隔断垂直标高线及天地龙骨的水平线，并在天地龙骨的水平线上画好龙骨的分档位置线。

（2）大龙骨安装

① 天地龙骨安装。根据设计要求固定天地龙骨，如无设计要求时，可以用 $\phi 8 \sim \phi 12$ 膨胀螺栓或 $3 \sim 5$ 寸钉子固定，膨胀螺栓固定点间距 $600 \sim 800\ mm$。安装

前做好防腐处理。

　　② 沿墙边龙骨安装。根据设计要求固定边龙骨,边龙骨应启抹灰收口槽,如无设计要求时,可以用 φ8～φ12 膨胀螺栓或 3～5 寸钉子与预埋木砖固定,固定点间距 800～1 000 mm。安装前做好防腐处理。

　　(3) 主龙骨安装

　　根据设计要求按分档线位置固定主龙骨,用 4 寸的铁钉固定,龙骨每端固定应不少于三颗钉子。必须安装牢固。

　　(4) 小龙骨安装

　　根据设计要求按分档线位置固定小龙骨,用扣榫或钉子固定。必须安装牢固。安装小龙骨前,也可以根据安装玻璃规格在小龙骨上安装玻璃槽。

　　(5) 玻璃安装

　　根据设计要求按玻璃的规格安装在小龙骨上;如用压条安装时先固定玻璃一侧的压条,并用橡胶垫垫在玻璃下方,再用压条将玻璃固定;如用玻璃胶直接固定玻璃,应将玻璃先安装在小龙骨的预留槽内,然后用玻璃胶封闭固定。

　　(6) 打玻璃胶

　　首先在玻璃上沿四周黏上纸胶带,根据设计要求将玻璃胶均匀地打在玻璃与小龙骨之间。待玻璃胶完全干后撕掉纸胶带。

　　(7) 安装压条

　　根据设计要求将压条用直钉或玻璃胶固定在小龙骨上。如设计无要求,可以根据需要选用 10 mm×12 mm 的木压条、10 mm×10 mm 的铝压条或 10 mm×20 mm 的不锈钢压条,如图 4.2 所示。

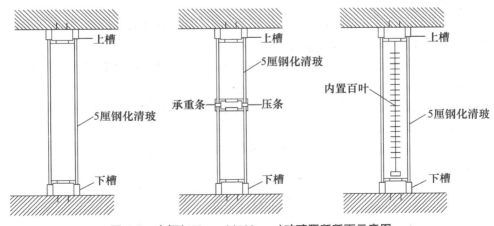

图 4.2　木框(100 mm×100 mm)玻璃隔断断面示意图

3）质量要求

（1）龙骨和玻璃的材质、品种、规格、式样应符合设计要求和施工规范的规定。

（2）隔断龙骨必须牢固、平整、垂直、位置正确；木龙骨的含水率必须小于8％。

（3）玻璃表面应平整、洁净，无污染、麻点，颜色一致。

（4）压条应平顺光滑、线条整齐，无翘曲、折裂、缺棱掉角等缺陷，安装必须牢固。

（5）施工现场必须活完场清，保持良好通风。设专人洒水、打扫，不能扬尘污染环境。

（6）机电器具必须安装触电保护装置，发现问题立即修理。遵守操作规程，非操作人员绝不准乱动机具，以防伤人。

（7）有噪声的电动工具应在规定的作业时间内施工，防止噪声污染、扰民。

（8）玻璃隔断墙允许偏差值见表4.2。

表4.2　玻璃隔断墙允许偏差

项　次	项　目	允许偏差(mm)	检　验　方　法
1	龙骨间距	2	尺量检查
2	龙骨平直	2	尺量检查
3	玻璃表面平整	1	用2m靠尺检查
4	接缝高低	0.3	拉5m线检查
5	压条平直	1	用直尺或塞尺检查
6	压条间距	0.5	尺量检查

4）成品保护

（1）木龙骨及玻璃安装时，应注意保护顶棚、墙内装好的各种管线；木龙骨的天龙骨不准固定在通风管道及其他设备上。

（2）施工部位已安装的门窗和已施工完的地面、墙面、窗台等应注意保护，防止损坏。

（3）木骨架材料，特别是玻璃材料，在进场、存放过程中应妥善管理，使其不变形、不受潮、不损坏、不污染。

（4）其他专业的材料不得置于已安装好的木龙骨架和玻璃上。

4.3 轻钢龙骨隔断(墙)施工工艺

1) 工艺流程

弹线 → 安装门洞口框 → 安装天地龙骨 → 竖向龙骨分档 → 安装竖向龙骨 → 安装系统管、线 → 安装横向卡档龙骨 → 安装第一层罩面板(一侧)→施工接缝做法 → 安装隔音棉 → 安装第一层罩面板(另一侧)→安装第二层罩面板→面层施工。

2) 操作工艺

(1) 弹线

根据施工图来确定隔断墙及隔断墙门窗位置,并在墙、顶、地面上弹出隔断墙的宽度线和中心线,以控制隔断龙骨安装的位置、龙骨的平直度和固定点。

按所需龙骨的尺寸,对龙骨进行画线配料,并按先配长料后配短料的原则进行。

(2) 隔断龙骨的安装

① 沿弹线位置固定沿顶和沿地龙骨,各自交接后的龙骨应保持平直,如图 4.3 所示。固定点间距应不大于 1 000 mm,龙骨的端部必须固定牢固。边框龙骨与基体之间应按设计要求安装密封条。

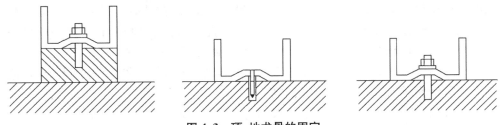

图 4.3　顶、地龙骨的固定

② 当选用支撑卡系列龙骨时,应先将支撑卡安装在竖向龙骨的开口上,卡距为 400～600 mm,距龙骨两端的为 20～25 mm。

③ 选用通贯系列龙骨时,高度低于 3 m 的隔墙安装一道;3～5 m 时安装两道;5 m 以上时安装三道。

④ 门窗或特殊节点处应使用附加龙骨,附加龙骨安装时应符合设计要求。

⑤ 隔断的下端如用木踢脚板覆盖,隔断的罩面板下端应离地面 20～30 mm;如用大理石、水磨石踢脚时,罩面板下端应与踢脚板上口齐平,接缝要严密。

⑥ 骨架安装的允许偏差,应符合表 4.3。

表 4.3　隔断骨架允许偏差

项　次	项　目	允许偏差（mm）	检　验　方　法
1	立面垂直度	3	用 2 m 托线板检查
2	表面平整度	2	用 2 m 靠尺和楔形塞尺检查
3	接缝高低差	0.5	用 2 m 靠尺和楔形塞尺检查
4	阴阳角方正	2	拉 5 m 线，不足 5 m 拉通线用钢直尺检查

（3）石膏板安装

① 安装石膏板前，应对预埋隔断中的管道和附于墙内的设备采取局部加强措施。

② 一般隔墙的石膏板可竖向安装，也可以水平安装。而有特殊防火要求的隔墙石膏板必须竖向铺设，长边接缝应落在竖向龙骨上。横向安装石膏板时，要使石膏板两端正好落在龙骨骨架上，要注意水平方向与垂直方向的板缝应最大限度地错开。

③ 石膏板采用自攻螺钉固定。周边螺钉的间距不应大于 200 mm，中间部分螺钉的间距不应大于 300 mm，螺钉与板边缘的距离应为 10～16 mm，螺钉头嵌入板内深度不超过 2～3 mm。

④ 双面石膏罩面板安装，第二层石膏板的安装固定方法与第一层相同，第二层石膏板的接缝不能与第一层的接缝落在同一根竖向龙骨上；需要隔声、保温、防火的应根据设计要求在龙骨一侧安装好石膏罩面板后进行隔声、保温、防火等材料的填充；一般采用玻璃丝棉或 30～100 mm 岩棉板进行隔声、防火处理；采用 50～100 mm 苯板进行保温处理。再封闭另一侧的板。

⑤ 安装石膏板时，应从板的中部开始向板的四边固定。钉头略埋入板内，但不得损坏纸面；钉眼应用石膏腻子抹平。

⑥ 石膏板应按框格尺寸裁割准确；就位时应与框格靠紧，但不得强压。

⑦ 隔墙端部的石膏板与周围的墙或柱应留有 3 mm 的槽口。施铺罩面板时，应先在槽口处加注嵌缝膏，然后铺板并挤压嵌缝膏使面板与邻近表层接触紧密。

⑧ 在丁字形或十字形相接处，如为阴角应用腻子嵌满，贴上接缝带，如为阳角应做护角。

⑨ 石膏板的接缝，一般应留 3～6 mm 缝，必须坡口与坡口相接。

⑩ 轻钢龙骨石膏板隔墙构造如图 4.4 所示。

（4）胶合板和纤维复合板安装

① 安装胶合板的基体表面应用油毡、釉质防潮剂时，应铺设平整，搭接严密，不得有皱褶、裂缝和透孔等。

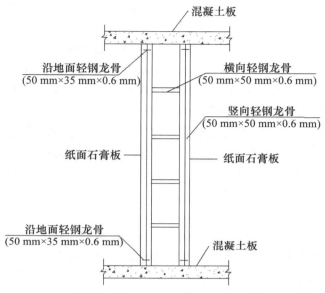

图 4.4 轻钢龙骨石膏板隔墙构造

② 胶合板如用钉子固定，钉距为 80～150 mm，宜采用直钉或 ∩ 形钉固定。需要隔声、保温、防火的隔墙，应根据设计要求，在龙骨一侧安装好胶合板罩面板后，进行隔声、保温、防火等材料的填充；一般采用玻璃丝棉或 30～100 mm 岩棉板进行隔声、防火处理；采用 50～100 mm 苯板进行保温处理。再封闭另一侧的罩面板。

③ 胶合板如涂刷清油等涂料时，相邻板面的木纹和颜色应近似。

④ 墙面用胶合板、纤维板装饰时，阳角处宜做护角。

⑤ 胶合板、纤维板用木压条固定时，钉距不应大于 200 mm。钉帽应打扁，并钉入木压条 0.5～1 mm，钉眼用油性腻子抹平。

⑥ 用胶合板、纤维板作罩面时，应符合防火的有关规定，在湿度较大的房间，不得使用未经防水处理的胶合板和纤维板。

（5）塑料板罩面安装

塑料板罩面安装方法一般有黏结和钉结两种。

① 黏结

聚氯乙烯塑料装饰板用胶粘剂黏结。

a. 胶粘剂：聚氯乙烯胶粘剂（601 胶）或聚醋酸乙烯胶。

b. 操作方法：用刮板或毛刷同时在墙面和塑料板背面涂刷，不得有漏刷。涂胶后见胶液流动性显著消失，用手接触胶层感到黏性较大时，即可黏结。黏结后应采用临时固定措施,同时将挤压在板缝中多余的胶液刮除,将板面擦净。

② 钉接

a. 安装塑料贴面板复合板应预先钻孔,再用木螺丝加垫圈紧固。也可用金属压条固定。木螺丝的钉距一般为 400～500 mm,排列应一致整齐。

b. 加金属压条时,应拉横竖通线拉直,并用钉子将塑料贴面复合板临时固定,然后加盖金属压条,用垫圈找平固定。

c. 需要隔声、保温、防火的应根据设计要求在龙骨一侧安装好塑料贴面复合板,进行隔声、保温、防火等材料的填充;一般采用玻璃丝棉或 30～100 mm 岩棉板进行隔声、防火处理;采用 50～100 mm 苯板进行保温处理。再封闭另一侧的罩面板。

(6) 铝合金装饰条板安装

用铝合金条板装饰墙面时,可用螺钉直接固定在结构层上,也可用锚固件悬挂或嵌卡的方法将板固定在轻钢龙骨上,或将板固定在墙筋上。

(7) 细部处理

墙面安装胶合板时,阳角处应做护角,以防板边角损坏。阳角的处理应采用抛光起线的木质压条,以增加装饰。

3) 质量要求

(1) 轻钢骨架和罩面板材质、品种、规格、式样应符合设计要求和施工规范的规定。人造板、黏结剂必须有游离甲醛含量或游离甲醛释放量及苯含量检测报告。

(2) 上下槛与主体结构连接牢固,上下槛不允许断开,保证隔断的整体性。严禁隔断墙上连接件采用射钉固定在砖墙上。应采用预埋件或膨胀螺栓进行连接。上下槛必须与主体结构连接牢固。

(3) 罩面板应经严格选材,表面应平整光洁。无脱层、翘曲、折裂、缺棱掉角等缺陷,安装罩面板前应严格检查格栅的垂直度和平整度。安装必须牢固。

(4) 罩面板之间的缝隙或压条,宽窄应一致、整齐、平直,压条与板接缝严密。

(5) 龙骨架必须在同一平面内,不能扭曲,不能用形状不规则的龙骨。安装石膏板时,不能使龙骨产生移位。

(6) 螺钉头不能露出石膏板表面,破坏石膏板表面,影响安装牢度。

(7) 填充隔音材料时,其材料必须填实,否则影响隔音效果。同时要防止强压就位造成龙骨变形。

4) 成品保护

(1) 木龙骨和罩面板材质、品种、式样应符合设计要求和施工规范的规定。

（2）隔墙轻钢骨架及罩面板安装时,应注意保护隔墙内装好的各种管线。

（3）施工部位已安装的门窗和已施工完的地面、墙面、窗台等应注意保护,防止损坏。

（4）轻钢骨架材料,特别是罩面板材料,在进场、存放、使用过程中应妥善管理,使其不变形、不受潮、不损坏、不污染。

复习思考题

1. 木龙骨板材隔断(墙)、玻璃隔断(墙)、轻钢龙骨隔断(墙)的施工工艺流程有哪些?

2. 如何安装轻钢龙骨隔断(墙)的隔断龙骨?

3. 玻璃隔断(墙)施工的操作工艺是什么?

4. 木龙骨板材隔断(墙)、玻璃隔断(墙)、轻钢龙骨隔断(墙)的施工质量要求有哪些?

5 饰面板(砖)工程

5.1 室内贴面砖施工工艺

1) 工艺流程

基层处理 → 吊垂直、套方、找规矩 → 贴灰饼 → 抹底层砂浆 → 弹线分格 → 排砖 → 浸砖 → 镶贴面砖 → 面砖勾缝与擦缝。

2) 操作工艺

(1) 基体为混凝土墙面时的操作方法

① 基层处理:将凸出墙面的混凝土剔平,对于基体混凝土表面很光滑的要凿毛,或用掺界面剂胶的水泥细砂浆做拉毛处理,也可刷界面剂并浇水湿润基层。

② 10 mm 厚 1:3 水泥砂浆打底,应分层分遍抹砂浆,随抹随刮平抹实,用木抹搓毛。

③ 待底层灰六七成干时,按图纸要求,根据釉面砖规格及结合实际条件进行排砖、弹线。

④ 排砖:根据大样图及墙面尺寸进行横竖向排砖,以保证面砖缝隙均匀,符合设计图纸要求,注意大墙面、柱子和垛子要排整砖,以及在同一墙面上的横竖排列,均不得有小于 1/4 砖的非整砖。非整砖行应排在次要部位,如窗间墙或阴角处等,应注意一致和对称。如遇有突出的卡件,应用整砖套割吻合,不得用非整砖随意拼凑镶贴。

⑤ 用废釉面砖贴标准点,用做灰饼的混合砂浆贴在墙面上,用以控制贴釉面砖的表面平整度。

⑥ 垫底尺,准确计算最下皮砖下口标高,底尺上皮一般比地面低 10 mm 左右,以此为依据放好底尺,要水平、安稳。

⑦ 选砖、浸泡:面砖镶贴前,应挑选颜色、规格一致的砖;浸泡砖时,将面砖清扫干净,放入净水中浸泡 2 h 以上,取出待表面晾干或擦干净后方可使用。

⑧ 粘贴面砖:粘贴应自下而上进行。抹 8 mm 厚 1:0.1:2.5 水泥石灰膏砂浆结合层,要刮平,随抹随自下而上粘贴面砖,要求砂浆饱满,亏灰时,取下重贴,并

随时用靠尺检查平整度,同时保证缝隙宽度一致。

⑨ 贴完经自检无空鼓、不平、不直后,用棉丝擦干净,用勾缝胶、白水泥或拍干白水泥擦缝,用布将缝的素浆擦匀,砖面擦净。

另外一种做法是,用1:1水泥砂浆加水泥重20%的界面剂胶或专用瓷砖胶在砖背面抹3～4 mm厚粘贴即可。但此种做法其基层灰必须抹得平整,而且砂子必须用窗纱筛后使用。

另外也可用胶粉来粘贴面砖,其厚度为2～3 mm,此种做法基层灰必须更平整。

(2)基体为砖墙面时的操作方法

① 基层处理:抹灰前,墙面必须清扫干净,浇水湿润。

② 12 mm厚1:3水泥砂浆打底,打底要分层涂抹,每层厚度宜5～7 mm,随即抹平搓毛。

③ 待底层灰六七成干时,按图纸要求,根据釉面砖规格及结合实际条件进行排砖、弹线。

④ 排砖:根据大样图及墙面尺寸进行横竖向排砖,以保证面砖缝隙均匀,符合设计图纸要求,注意大墙面、柱子和垛子要排整砖,以及在同一墙面上的横竖排列,均不得有小于1/4砖的非整砖。非整砖行应排在次要部位,如窗间墙或阴角处等。应注意一致和对称。如遇有突出的卡件,应用整砖套割吻合,不得用非整砖随意拼凑镶贴。

⑤ 用废釉面砖贴标准点,用做灰饼的混合砂浆贴在墙面上,用以控制贴釉面砖的表面平整度。

⑥ 垫底尺,准确计算最下皮砖下口标高,底尺上皮一般比地面低10 mm左右,以此为依据放好底尺,要水平、安稳。

⑦ 选砖、浸泡:面砖镶贴前,应挑选颜色、规格一致的砖;浸泡砖时,将面砖清扫干净,放入净水中浸泡2 h以上,取出待表面晾干或擦干净后方可使用。

⑧ 粘贴面砖:粘贴应自下而上进行。抹8 mm厚1:0.1:2.5水泥石灰膏砂浆结合层,要刮平,随抹随自下而上粘贴面砖,要求砂浆饱满,亏灰时,取下重贴,并随时用靠尺检查平整度,同时保证缝隙宽度一致。

⑨ 贴完经自检无空鼓、不平、不直后,用棉丝擦干净,用勾缝胶、白水泥或拍干白水泥擦缝,用布将缝的素浆擦匀,砖面擦净。

3)质量要求

(1)饰面砖的品种、规格、颜色、图案和性能必须符合设计要求。

(2)饰面砖表面应平整、洁净、色泽一致,无裂痕和缺陷。

（3）阴阳角处搭接方式、非整砖使用部位应符合设计要求。

（4）施工时，必须做好墙面基层处理，浇水充分湿润。在抹底层灰时，根据不同基体采取分层分遍抹灰方法，并严格配合比计量，掌握适宜的砂浆稠度，按比例加界面剂胶，使各灰层之间黏接牢固。注意及时洒水养护。

（5）冬期施工时，应做好防冻保温措施。以确保砂浆不受冻，其室内温度不得低于 5 ℃，但寒冷天气不得施工。防止空鼓、脱落和裂缝。

（6）结构施工期间，几何尺寸控制好，要垂直、平整，装修前对基层处理要认真。应加强对基层打底工作的检查，合格后方可进行下道工序。

（7）施工前认真按照图纸尺寸，核对结构施工的实际情况，加上分段分块弹线、排砖要细，贴灰饼控制点要符合要求。

（8）墙面突出物周围的饰面砖应整砖套割吻合，边缘应整齐。墙裙、贴脸突出墙面的厚度应一致。

4）成品保护

（1）要及时清擦干净残留在门框上的砂浆，特别是铝合金等门窗宜粘贴保护膜，预防污染、锈蚀，施工人员应加以保护，不得碰坏。

（2）认真贯彻合理的施工顺序，少数工种（水、电、通风、设备安装等）的活应做在前面，防止损坏面砖。

（3）油漆粉刷不得将油漆喷滴在已完工的饰面砖上，如果面砖上部为涂料，宜先做涂料，然后贴面砖，以免污染墙面。若需先做面砖时，完工后必须采取贴纸或塑料薄膜等措施，防止污染。

（4）各抹灰层在凝结前应防止风干、水冲和振动，以保证各层有足够的强度。

（5）搬、拆架子时注意不要碰撞墙面。

（6）装饰材料和饰件以及饰面的构件，在运输、保管和施工过程中，必须采取措施防止损坏。

5.2　墙面贴马赛克施工工艺

1）工艺流程

基层处理 → 吊垂直、套方、找规矩 → 贴灰饼 → 抹底层砂浆 → 弹控制线 → 贴马赛克 → 揭纸、调缝 → 擦缝。

2）操作工艺

（1）基层为混凝土墙面时的操作方法

① 基层处理：首先将凸出墙面的混凝土剔平，对大钢模施工的混凝土墙面应

凿毛,并用钢丝刷满刷一遍,再浇水湿润,并用水泥∶砂∶界面剂＝1∶0.5∶0.5的水泥砂浆对混凝土墙面进行拉毛处理。

② 吊垂直、套方、找规矩、贴灰饼:根据墙面结构平整度找出贴马赛克的规矩,如果是高层建筑物在外墙全部贴马赛克砖时,应在四周大角和门窗口边用经纬仪打垂直线找直;如果是多层建筑时,可从顶层开始用特制的大线坠绷底低碳钢丝吊垂直,然后根据马赛克砖的规格、尺寸分层设点、做灰饼。横线则以楼层为水平基线交圈控制,竖向线则以四周大角和层间贯通柱、垛子为基线控制。每层打底时则以此灰饼为基准点进行冲筋,使其底层灰做到横平竖直、方正。同时要注意找好突出檐口、腰线、窗台、雨篷等饰面的流水坡度和滴水线,坡度应小于3%。其深宽不小于10 mm,并整齐一致,而且必须是整砖。

③ 抹底子灰:底子灰一般分两次操作,抹头遍水泥砂浆,其配合比为1∶2.5或1∶3,并掺水泥重20%的界面剂胶,薄薄地抹一层用抹子压实。第二次用相同配合比的砂浆按冲筋抹平,用短杠刮平,低凹处事先填平补齐,最后用木抹子搓出麻面。底子灰抹完后,隔天浇水养护。找平层厚度不应大于20 mm,若超过此值必须采取加强措施。

④ 弹控制线:贴马赛克砖前应放出施工大样,根据具体高度弹出若干条水平控制线,在弹水平线时,应计算马赛克砖的块数,使两线之间保持整砖数。如分格需按总高度均分,可根据设计与马赛克砖的品种、规格定出缝隙宽度,再加工分格条。但要注意同一墙面不得有一排以上的非整砖,并应将其镶贴在较隐蔽部位。

⑤ 贴马赛克砖:镶贴应自上而下进行。高层建筑采取措施后,可分段进行。在每一分段或分块内的马赛克砖,均为自下向上。贴马赛克砖时底灰要浇水润湿,并在弹好水平线的下口上支上一根垫尺,一般三人为一组进行操作。一人浇水润湿墙面,先刷上一道素水泥浆,再抹2～3 mm厚的混合灰黏结层,其配合比为纸筋∶石灰膏∶水泥＝1∶1∶2,亦可采用1∶1.3水泥纸筋灰,用靠尺板刮平,再用抹子抹平;另一人将马赛克砖铺在木托缝子里灌上1∶1水泥细砂子灰,用软毛刷子刷净麻面,再抹上薄薄一层灰浆。然后一张一张递给另一人,将四边灰刮掉,两手执住马赛克砖上面,在已支好的垫尺上由下往上贴,缝隙对齐,注意按弹好的横竖线贴。如分格贴完一组,将米厘条放在上口线继续贴第二组。

⑥ 揭纸、调缝:贴完马赛克砖的墙面,要一手拿拍板,靠在贴好的墙面上,一手拿锤子对拍板满敲一遍,然后将马赛克砖上的纸用刷子刷上水,约等20～30 min便可开始揭纸。揭开纸后检查缝隙大小是否均匀,如出现歪斜、不正的缝隙,应顺序拨正贴实,先横后竖、拨正拨直为止。

⑦ 擦缝:粘贴后48 h,先用抹子把近似马赛克砖颜色的擦缝水泥浆摊放在需擦缝的马赛克砖上,然后用刮板将水泥浆往缝子里刮满、刮实、刮严。再用麻丝和

擦布将表面擦净。遗留在缝隙里的浮砂可用潮湿干净的软毛刷轻轻带出,如需清洗饰面时,应待勾缝材料硬化后方可进行。起出米厘条的缝隙要用1:1水泥砂浆勾严勾平,再用擦布擦净。外墙应选用抗渗性勾缝材料。

（2）基层为砖墙墙面时的操作方法

① 基层处理:抹灰前墙面必须清理干净,检查窗台、窗套和腰线等处,对损坏和松动的部分要处理好,然后浇水润湿墙面。

② 吊垂直、套方、找规矩:同基层为混凝土墙面做法。

③ 抹底子灰:底子灰一般分两次操作,第一次抹薄薄的一层,用抹子压实,水泥砂浆的配比为1:3,并掺水泥重20％的界面剂胶;第二次用相同配合比的砂浆按冲筋线抹平,用短杠刮平,低凹处事先填平补齐,最后用木抹子搓出麻面。底子灰抹完后,隔天浇水养护。

④ 面层做法同基层为混凝土墙面的做法。

（3）基层为加气混凝土墙面时,可酌情选用下述两种方法中的一种

① 一种是用水湿润加气混凝土表面,修补缺棱掉角处。修补前,先混合砂浆刷一道聚合物水泥浆,然后用水泥:石灰膏:砂子＝1:3:9混合砂浆分层补平,隔天刷聚合物水泥浆,并抹1:1:6混合砂浆打底,木抹子搓平,隔天浇水养护。

② 另一种是用水湿润加气混凝土表面,在缺棱掉角处刷聚合物水泥浆一道,用1:3:9混合砂浆分层补平,待干燥后,钉金属网一层并绷紧。在金属网上分层抹1:1:6混合砂浆打底,砂浆与金属网应结合牢固,最后用木抹子轻轻搓平,隔天浇水养护。

③ 其他做法同混凝土墙面。

3）质量要求

① 马赛克砖的品种、规格、颜色、图案必须符合设计要求标准的规定。

② 马赛克砖镶贴必须牢固,无歪斜、缺棱、掉角和裂缝等缺陷。

③ 施工时,必须做好墙面基层处理,浇水充分湿润。在抹底层灰时,根据不同基体采取分层分遍抹灰方法,并严格配合比计量,掌握适宜的砂浆稠度,按比例加界面剂胶,使各灰层之间黏结牢固,注意及时洒水养护。

④ 结构施工期间,几何尺寸控制好,墙面要垂直、平整,对基层处理要认真。应加强对基层打底工作的检查,合格后方可进行下道工序。

⑤ 施工前认真按照图纸尺寸,核对结构施工的实际情况,要分段分块弹线,排砖要细,贴灰饼控制点要符合要求。

4）成品保护

（1）镶贴好的马赛克砖的墙面应有切实可靠的防止污染的措施;同时要及时

清擦干净残留在门窗框、扇上的砂浆。特别是铝合金塑钢等门窗框、扇,事先应粘贴好保护膜,预防污染。

（2）每层抹灰层在凝结前应防止风干、暴晒、水冲、撞击和振动。

（3）少数工种的各种施工作业应做在马赛克砖镶贴之前,防止损坏面砖。

（4）拆除架子时注意不要碰撞墙面。

（5）合理安排施工程序,避免相互间的污染。

5.3　大理石和花岗岩饰面施工工艺

1）工艺流程

（1）薄型小规格块材(边长小于 40 cm)工艺流程

基层处理 → 吊垂直、套方、找规矩、贴灰饼 → 抹底层砂浆 → 弹线分格 → 石材刷防护剂 → 排块材 → 镶贴块材 → 表面勾缝与擦缝。

（2）普通型大规格块材(边长大于 40 cm)工艺流程

施工准备(钻孔、剔槽) → 穿铜丝或镀锌铅丝与块材固定 → 绑扎、固定钢丝网 → 吊垂直、找规矩、弹线 → 石材刷防护剂 → 安装石材 → 分层灌浆 → 擦缝。

2）操作工艺

（1）薄型小规格块材(一般厚度 10 mm 以下):边长小于 40 cm,可采用粘贴方法

① 进行基层处理和吊垂直、套方、找规矩,其他可参见镶贴面砖施工要点有关部分。要注意同一墙面不得有一排以上的非整材,并应将其镶贴在较隐蔽的部位。

② 在基层湿润的情况下,先刷界面剂胶素水泥浆一道,随刷随打底;底灰采用 1∶3 水泥砂浆,厚度约 12 mm,分两遍操作,第一遍约 5 mm,第二遍约 7 mm,待底灰压实刮平后,将底子灰表面划毛。

③ 石材表面处理:石材表面充分干燥(含水率应小于 8%)后,用石材防护剂进行石材六面体防护处理,此工序必须在无污染的环境下进行,将石材平放于木方上,用羊毛刷蘸上防护剂,均匀涂刷于石材表面,涂刷必须到位,第一遍涂刷完间隔 24 h 后用同样的方法涂刷第二遍石材防护剂,如采用水泥或胶粘剂固定,间隔 48 h 后对石材黏结面用专用胶泥进行拉毛处理,拉毛胶泥凝固硬化后方可使用。

④ 待底子灰凝固后便可进行分块弹线,随即将已湿润的块材抹上厚度为 2～3 mm 的素水泥浆,内掺水泥重 20% 的界面剂进行镶贴,用木槌轻敲,用靠尺找平找直。

（2）大规格块材:边长大于 40 cm,镶贴高度超过 1 m 时,可采用如下安装方法

① 钻孔、剔槽:安装前先将饰面板按照设计要求用台钻打眼,事先应钉木架使

钻头直对板材上端面,在每块板的上、下两个面打眼,孔位打在距板宽的两端1/4处,每个面各打两个眼,孔径为 5 mm,深度为 12 mm,孔位距石板背面以 8 mm 为宜。如大理石、磨光花岗岩,板材宽度较大时,可以增加孔数。钻孔后用云石机轻轻剔一道槽,深 5 mm 左右,连同孔眼形成象鼻眼,以备埋卧铜丝之用。若饰面板规格较大,如下端不好拴绑镀锌钢丝或铜丝时,亦可在未镶贴饰面的一侧,采用手提轻便小薄砂轮,按规定在板高的 1/4 处上、下各开一槽(槽长约 3～4 cm,槽深约 12 mm,与饰面板背面打通,竖槽一般居中,亦可偏外,但以不损坏外饰面和不反碱为宜),可将镀锌铅丝或铜丝卧入槽内,便可拴绑与钢筋网固定。此法亦可直接在镶贴现场做。

② 穿铜丝或镀锌铅丝:把备好的铜丝或镀锌铅丝剪成长 20 cm 左右,一端用木楔黏环氧树脂将铜丝或镀锌铅丝进孔内固定牢固,另一端将铜丝或镀锌铅丝顺孔槽弯曲并卧入槽内,使大理石或磨光花岗石板上、下端面没有铜丝或镀锌铅丝突出,以便和相邻石板接缝严密。

③ 绑扎钢筋:首先剔出墙上的预埋筋,把墙面镶贴大理石的部位清扫干净。先绑扎一道竖向 φ6 钢筋,并把绑好的竖筋用预埋筋弯压于墙面。横向钢筋为绑扎大理石或磨光花岗石板材所用,如板材高度为 60 cm 时,第一道横筋在地面以上 10 cm 处与主筋绑牢,用作绑扎第一层板材的下口固定铜丝或镀锌铅丝。第二道横筋绑在 50 cm 水平线上 7～8 cm,比石板上口低 2～3 cm 处,用于绑扎第一层石板上口固定铜丝或镀锌铅丝,再往上每 60 cm 绑一道横筋即可。

④ 弹线:首先将要贴大理石或磨光花岗石的墙面、柱面和门窗套用大线坠从上至下找出垂直。应考虑大理石或磨光花岗石板材厚度、灌注砂浆的空隙和钢筋网所占尺寸,一般大理石、磨光花岗石外皮距结构面的厚度应以 5～7 cm 为宜。找出垂直后,在地面上顺墙弹出大理石或磨光花岗石等外廓尺寸线。此线即为第一层大理石或花岗岩等的安装基准线。编好号的大理石或花岗岩板等在弹好的基准线上画出就位线,每块留 1 mm 缝隙(如设计要求拉开缝,则按设计规定留出缝隙)。

⑤ 石材表面处理:石材表面充分干燥(含水率应小于 8％)后,用石材防护剂进行石材六面体防护处理,此工序必须在无污染的环境下进行,将石材平放于木方上,用羊毛刷蘸上防护剂,均匀涂刷于石材表面,涂刷必须到位,第一遍涂刷完间隔 24 h 后用同样的方法涂刷第二遍石材防护剂,如采用水泥或胶粘剂固定,则间隔 48 h 后对石材黏接面用专用胶泥进行拉毛处理,拉毛胶泥凝固硬化后方可使用。

⑥ 基层准备:清理预做饰面石材的结构表面,同时进行吊直、套方、找规矩,弹出垂直线和水平线,并根据设计图纸和实际需要弹出安装石材的位置线和分块线。

⑦ 安装大理石或磨光花岗石:按部位取石板并舒展、拉直铜丝或镀锌铅丝,将

石板就位,石板上口外仰,右手伸入石板背面,把石板下口铜丝或镀锌铅丝绑扎在横筋上。绑时不要太紧,可留余量,只要把铜丝或镀锌铅丝和横筋拴牢即可,把石板竖起,便可绑大理石或磨光花岗石板上口铜丝或镀锌铅丝,并用木楔子垫稳,块材与基层间的缝隙一般为30～50 mm。用靠尺板检查调整木楔,再拴紧铜丝或镀锌铅丝,依次向另一方进行。柱面可按顺时针方向安装,一般先从正面开始。第一层安装完毕再用靠尺板找垂直,水平尺找平整,方尺找阴阳角方正,在安装石板时如发现石板规格不准确或石板之间的空隙不符,应用铅皮垫牢,使石板之间缝隙均匀一致,并保持第一层石板上口的平直。找完垂直、平直、方正后,用碗调制熟石膏,把调成粥状的石膏贴在大理石或磨光花岗石板上下之间,使这两层石板结成一整体,木楔处亦可粘贴石膏,再用靠尺检查有无变形,等石膏硬化后方可灌浆(如设计有嵌缝塑料软管者,应在灌浆前塞放好)。

⑧ 灌浆:把配合比为1:2.5的水泥砂浆放入半截大桶加水调成粥状,用铁簸箕舀浆徐徐倒入,注意不要碰大理石,边灌边用橡皮锤轻轻敲击石板面使灌入砂浆排气。第一层浇灌高度为15 cm,不能超过石板高度的1/3;第一层灌浆很重要,因既要锚固石板的下口铜丝又要固定饰面板,所以要轻轻操作,防止碰撞和猛灌。如发生石板外移错动,应立即拆除重新安装。

⑨ 擦缝:全部石板安装完毕后,清除所有石膏和余浆痕迹,用麻布擦洗干净,并按石板颜色调制色浆嵌缝,边嵌边擦干净,使缝隙密实、均匀、干净、颜色一致。

(3)柱子贴面:安装柱面大理石或磨光花岗石,其弹线、钻孔、绑钢筋和安装等工序与镶贴墙面方法相同,要注意灌浆前用木方子钉成槽形木卡子,双面卡住大理石板,以防止灌浆时大理石或磨光花岗石板外胀。

(4)夏期安装室外大理石或磨光花岗石时,应有防止暴晒的可靠措施。

(5)冬期施工

① 灌缝砂浆应采取保温措施,砂浆的温度不宜低于5 ℃。

② 灌注砂浆硬化初期不得受冻。气温低于5 ℃时,室外灌注砂浆可掺入能降低冻结温度的外加剂,其掺量应由试验确定。

③ 冬期施工,镶贴饰面板宜供暖,也可采用热空气或带烟囱的火炉加速干燥。采用热空气时,应设通风设备排除湿气,并设专人进行测温控制和管理,保温养护7～9 d。

3)质量要求

(1)饰面板(大理石、花岗石)的品种、规格、颜色、图案必须符合设计要求和有关标准的规定。

(2)饰面板安装必须牢固,严禁空鼓,无歪斜、缺棱掉角和裂缝等缺陷。

（3）清理预做饰面石材的结构表面,施工前认真按照图纸尺寸,核对结构施工的实际情况,同时进行吊直、套方、找规矩,弹出垂直线和水平线,控制点要符合要求。并根据设计图纸和实际需要弹出安装石材的位置线和分块线。

（4）施工安装石材时,严格配合比计量,掌握适宜的砂浆稠度,分次灌浆,防止造成石板外移或板面错动,以致出现接缝不平、高低差过大。

（5）冬期施工时,应做好防冻保温措施,以确保砂浆不受冻,其室外温度不得低于 5 ℃,但寒冷天气不得施工。防止空鼓、脱落和裂缝。

（6）接缝:填嵌密实、平直,宽窄一致,颜色一致,阴阳角处板的压向正确,非整砖的使用部位适宜。

4）成品保护

（1）要及时清擦干净残留在门窗框、玻璃和金属饰面板上的污物,宜粘贴保护膜,预防污染、锈蚀。

（2）认真贯彻合理施工顺序,其他工种的活应做在前面,防止损坏、污染石材饰面板。

（3）拆改架子和上料时,严禁碰撞石材饰面板。

（4）饰面完成后,易破损部分的棱角处要钉护角保护,其他工种操作时不得划伤和碰坏石材。

（5）在刷罩面剂未干燥前,严禁下渣土和翻架子、脚手板等。

（6）已完工的石材饰面应做好成品保护。

5.4 墙面干挂石材施工工艺

1）工艺流程

石材验收 →搭设脚手架 →石材表面处理、打孔 → 测量放线→ 安装钢构件→ 底层石材安装 →上层石材安装（整体安装完毕）→密封填缝 → 清理 →验收。

2）操作工艺

（1）石材验收:材料进场要对每块石材进行验收,验收要设专人负责管理,要认真检查材料的规格、型号是否正确,与料单是否相符,发现石材颜色明显不一致的,要单独码放,以便退还给厂家,如有裂纹、缺棱掉角的,要修理后再用,严重的不得使用。还要注意石材堆放地要夯实,垫 10 cm×10 cm 通长方木,让其高出地面 8 cm 以上,方木上最好钉上橡胶条,让石材按 75°立放斜靠在专用的钢架上,每块石材之间要用塑料薄膜隔开靠紧码放,防止黏在一起和倾斜。

（2）搭设脚手架:采用钢管扣件搭设双排脚手架,要求立杆距墙面净距不小于

500 mm,短横杆距墙面净距不小于 300 mm,架体与主体结构连接锚固牢固,架子上下满铺跳板,外侧设置安全防护网。

(3)石材表面处理:石材表面充分干燥(含水率应小于 8%)后,用石材防护剂进行石材六面体防护处理,此工序必须在无污染的环境下进行,将石材平放于木方上,用羊毛刷蘸上防护剂,均匀涂刷于石材表面,涂刷必须到位,第一遍涂刷完间隔 24 h 后用同样的方法涂刷第二遍石材防护剂,间隔 48 h 后方可使用。

(4)石材准备:首先用比色法对石材的颜色进行挑选分类;安装在同一面的石材颜色应一致,并根据设计尺寸和图纸要求将专用模具固定在台钻上,进行石材打孔。为保证位置准确垂直,要钉一个定型石材托架,使石板放在托架上,要打孔的小面与钻头垂直,使孔成型后准确无误,孔深为 25 mm 左右,孔径为 8~10 mm。随后在石材背面刷不饱和树脂胶,主要采用一布二胶的做法,布为无碱、无捻 24 目的玻璃丝布,石板在刷头遍胶前,先把编号写在石板上,并将石板上的浮灰及杂污清除干净,如锯锈、铁抹子,用钢丝刷、粗纱将其除掉再刷胶,胶要随用随配,防止固化后造成浪费。要注意边角地方一定要刷好。打孔部位是薄弱区域,必须刷到。布要铺满,刷完头遍胶,在铺贴玻璃纤维网格布时要从一边用刷子赶平,铺平后再刷二遍胶,刷子沾胶不要过多,防止流到石材小面给嵌缝带来困难,出现质量问题。

(5)基层准备:清理预做饰面石材的结构表面,同时进行吊直、套方、找规矩,弹出垂直线和水平线。并根据设计图纸和实际需要弹出安装石材的位置线和分块线。

(6)挂线:按设计图纸要求,石材安装前要事先用经纬仪打出大角两个面的竖向控制线,最好弹在离大角 20 cm 的位置上,以便随时检查垂直挂线的准确性,保证顺利安装。竖向挂线宜用 ϕ1.0~ϕ1.2 的钢丝,下边沉铁随高度而定,一般 40 m 以下高度沉铁重量为 8~10 kg,上端挂在专用的挂线角钢架上,角钢架用膨胀螺栓固定在建筑大角的顶端,一定要挂在牢固、准确、不易碰动的地方,要注意保护和经常检查,并在控制线的上、下作出标记。

(7)支底层饰面板托架:把预先加工好的支托按上平线支在将要安装的底层石板上面。支托要支承牢固,相互之间要连接好,也可和架子接在一起,支架安好后,顺支托方向铺通长的 50 mm 厚木板,木板上口要在同一水平面上,以保证石材上下面处在同一水平面上。

(8)在围护结构上打孔、下膨胀螺栓:在结构表面弹好水平线,按设计图纸及石材钻孔位置,准确地弹在围护结构墙上并作好标记,然后按点打孔,打孔可使用冲击钻,用 ϕ12.5 的冲击钻头,打孔时先用尖錾子在预先弹好的点上凿一个点,然后用钻打孔,孔深在 60~80 mm,若遇结构里的钢筋时,可以将孔位在水平方向移动或往上抬高,要连接铁件时利用可调余量调回。成孔要求与结构表面垂直,成孔后把孔内的灰粉用小勾勺掏出,安放膨胀螺栓,宜将本层所需的膨胀螺栓全部安装就位。

（9）上连接铁件:用设计规定的不锈钢螺栓固定角钢和平钢板。调整平钢板的位置,使平钢板的小孔正好与石板的插入孔对正,固定平钢板,用力矩扳子拧紧。

（10）底层石材安装:把侧面的连接铁件安好,便可把底层面板靠角上的一块就位。方法是用夹具暂时固定,先将石材侧孔抹胶,调整铁件,插固定钢针,调整面板固定。依次按顺序安装底层面板,待底层面板全部就位后,检查一下各板水平是否在一条线上,如有高低不平的要进行调整;低的可用木楔垫平;高的可轻轻适当退出点木楔,退出面板上口在一条水平线上为止;先调整好面板的水平与垂直度,再检查板缝,板缝宽应按设计要求,板缝均匀,将板缝嵌紧被衬条,嵌缝高度要高于25 cm。其后用1∶2.5的用白水泥配制的砂浆,灌于底层面板内20 cm高,砂浆表面上设排水管。

（11）石板上孔抹胶及插连接钢针:把1∶1.5的白水泥环氧树脂倒入固化剂、促进剂,用小棒将配好的胶抹入孔中,再把长40 mm的φ4连接钢针通过平板上的小孔插入直至面板孔,上钢针前检查其有无伤痕,长度是否满足要求,钢针安装要保证垂直。

（12）调整固定:面板暂时固定后,调整水平度,如板面上口不平,可在板底的一端下口的连接平钢板上垫一相应的双股铜丝垫。若铜丝粗,可用小锤砸扁;若高,可把另一端下口用以上方法垫一下。调整垂直度,并调整面板上口的不锈钢连接件的距墙空隙,直至面板垂直。

（13）顶部面板安装:顶部最后一层面板除了一般石材安装要求外,安装调整后,在结构与石板缝隙里吊一通长的20 mm厚木条,木条上平为石板上口下去250 mm,吊点可设在连接铁件上,可采用铅丝吊木条,木条吊好后,即在石板与墙面之间的空隙里塞放聚苯板,聚苯板条要略宽于空隙,以便填塞严实,防止灌浆时漏浆,造成蜂窝、孔洞等,灌浆至石板口下20 mm作为压顶盖板之用。

（14）贴防污条、嵌缝:沿面板边缘贴防污条,应选用4 cm左右的纸带型不干胶带,边沿要贴齐、贴严,在大理石板间缝隙处嵌弹性泡沫填充（棒）条,填充（棒）条也可用8 mm厚的高连发泡片剪成10 mm宽的条,填充（棒）条嵌好后离装修面5 mm,最后在填充（棒）条外用嵌缝枪把中性硅胶打入缝内,打胶时用力要均匀,走枪要稳而慢。如胶面不太平顺,可用不锈钢小勺刮平,小勺要随用随擦干净,嵌底层石板缝时,要注意不要堵塞流水管。根据石板颜色可在胶中加适量矿物质颜料。

（15）清理大理石、花岗石表面,刷罩面剂:把大理石、花岗石表面的防污条掀掉,用棉丝将石板擦净,若有胶或其他黏结牢固的杂物,可用刀轻轻铲除,用棉丝蘸丙酮擦至干净。在刷罩面剂施工前,应掌握和了解天气趋势,阴雨天和4级以上风天不得施工,防止污染漆膜;冬、雨季可在避风条件好的室内操作,刷在板块面上。

罩面剂按配合比在刷前半小时兑好,注意区别底漆和面漆,最好分阶段操作。配制罩面剂要搅匀,防止成膜时不均,涂刷要用羊毛刷,沾漆不宜过多,防止流挂,尽量少回刷,以免有刷痕,要求无气泡、不漏刷,刷得平整、有光泽。

3)质量要求

(1)饰面石材板的品种、防腐、规格、形状、平整度、几何尺寸、光洁度、颜色和图案必须符合设计要求,要有产品合格证。

(2)面层与基底应安装牢固;粘贴用料、干挂配件必须符合设计要求和国家现行有关标准的规定,碳钢配件需做防锈、防腐处理。焊接点应作防腐处理。

(3)清理预做饰面石材的结构表面,施工前认真按照图纸尺寸,核对结构施工的实际情况,同时进行吊直、套方、找规矩,弹出垂直线、水平线,控制点要符合要求,并根据设计图纸和实际需要弹出安装石材的位置线和分块线。

(4)饰面板安装工程的预埋件(或后置埋件)、连接件的数量、规格、位置、连接方法和防腐处理必须符合设计要求。后置埋件的现场拉拔强度必须符合设计要求,饰面板安装必须牢固。当设计无明确要求时,预埋件标高差不应大于 10 mm,位置差不应大于 20 mm。

(5)面层与基底应安装牢固;粘贴用料、干挂配件必须符合设计要求和国家现行有关标准的规定。

(6)石材表面平整、洁净;拼花正确,纹理清晰通顺,颜色均匀一致;非整板部位安排适宜,阴阳角处的板压向正确。

(7)缝格均匀,板缝通顺,接缝填嵌密实,宽窄一致,无错台错位。

(8)墙面干挂石材允许偏差和检验方法应符合表 5.1 的规定。

表 5.1　墙面干挂石材允许偏差和检验方法

项　次	项　　目	允许偏差(mm)		检　验　方　法
		光面	粗面	
1	立面垂直	2	3	用 2 m 垂直检测尺检查
2	表面平整	2	3	用 2 m 靠尺和塞尺检查
3	阳角方正	2	4	用 20 cm 方尺和塞尺检查
4	接缝平直	2	4	用 5 m 小线和钢直尺检查
5	墙裙上口平直	2	3	用 5 m 小线和钢直尺检查
6	接缝高低	1	2	用钢板短尺和塞尺检查
7	接缝宽度	1	2	用钢直尺检查

4）成品保护

（1）要及时清擦干净残留在门窗框、玻璃和金属饰面板上的污物，如密封胶、手印、尘土、水等杂物，宜粘贴保护膜，必要时可搭设防护栏，并标明"成品爱护"字样，预防污染、锈蚀。

（2）认真贯彻合理施工顺序，少数工种的活应做在前面，防止损坏、污染外挂石材饰面板。

（3）拆改架子和上料时，严禁碰撞干挂石材饰面板。若需要增加其他装饰物，严禁将人字梯直接靠在墙面上，应采用升降梯。

（4）外饰面完活后，易破损部分的棱角处要钉护角保护，其他工种操作时不得划伤面漆和碰坏石材。

（5）在室外刷罩面剂未干燥前，严禁下渣土和翻架子、脚手板等。

（6）不得在已经安装好的墙面上进行焊点作业，必要时应用较厚胶合板或石棉布做好保护，已完工的外挂石材应设专人看管，遇有损害成品的行为，应立即制止，并严肃处理。

复习思考题

1. 室内贴面砖、墙面贴马赛克的施工工艺流程有哪些？
2. 大理石和花岗岩饰面施工工艺是什么？
3. 墙面干挂石材操作工艺是什么？
4. 大理石和花岗岩饰面的施工质量要求有哪些？
5. 墙面干挂石材的施工质量要求有哪些？

6　涂饰工程

6.1　木饰面施涂混色油漆施工工艺

1) 工艺流程

基层处理 →刷底子油→ 抹腻子 → 打砂纸 → 喷刷色漆（各类色漆）多遍（五至六遍）→水砂纸打磨→上光蜡→ 清理交工。

2) 施工工艺要点

(1) 基层处理

① 胶合板基层。各种材质的胶合板饰面板材,进入施工现场后,首先应刮刷透明腻子,以保护胶合板的饰面层不受污染。

② 实木基层。将实木基层表面上的污尘、斑点、油污及胶迹等清除干净,然后用砂纸(1号以上)顺木纹方向打磨光滑。

(2) 刷底子油

严格按涂刷次序涂刷,要刷匀。

(3) 刮腻子

将裂缝、钉孔、边棱残缺处嵌批平整,要刮平刮到。腻子的重量配合比为石膏:熟桐油:松香水:水＝16:5:1:6。待涂刷的清漆干透后进行批刮。上下冒头、榫头等处均应批刮到。

(4) 磨砂纸

腻子要干透,磨砂纸时不要将涂膜磨穿,保护好棱角,注意不要留松散腻子痕迹。磨完后应打扫干净,并用潮布将散落的粉尘擦净。

(5) 刷第一遍混色漆

调和漆黏度较大,要多刷、多理,涂刷油灰时要等油灰有一定强度后进行,并要盖过油灰 0.5～1.0 mm,以起到密封作用。门、窗及木饰面刷完后要仔细检查,看有无漏刷处,最后将活动扇做好临时固定。

(6) 刮腻子

待第一遍油漆干透后,对底腻子收缩处或有残缺处,需再用腻子仔细批刮一次。

（7）打砂纸

待腻子干透后，用1号砂纸打磨。

（8）刷第二遍调和漆

如木门窗有玻璃，用潮布或废报纸将玻璃内外擦干净，应注意不得损坏玻璃四角油灰和八字角（如打玻璃胶应待胶干透）。打砂纸，使用新砂纸时，须将两张砂纸对磨，把粗大砂粒磨掉，防止划破油漆膜。

（9）刷最后一遍油漆

要注意油漆不流不坠、光亮均匀、色泽一致。油灰（玻璃胶）要干透，要仔细检查，固定活动门（窗）扇，注意成品保护。

（10）冬期施工

室内应在采暖条件下进行，室温保持均衡，温度不宜低于＋10℃，相对湿度不宜大于60％。设专人负责开、关门窗以利排湿通风。

3）质量要求

（1）溶剂型涂料涂饰工程所选用涂料的品种型号和性能应符合设计要求。

（2）合页槽、上下冒头、榫头和钉孔、裂缝、节疤以及边棱残缺处应补齐腻子，砂纸打磨要到位。

（3）基层腻子应平整、坚实、牢固，无粉化、起皮和裂缝。

（4）混色油漆涂饰应涂刷均匀、黏结牢固，无透底、起皮和返锈。

4）成品保护

（1）刷油漆前应首先清理完施工现场的垃圾及灰尘，以免影响油漆质量。

（2）每遍油漆刷完后，所有能活动的门扇及木饰面成品都应该临时固定，防止油漆面相互黏结影响质量。必要时设置警告牌。

（3）刷油后立即将滴在地面或窗台上的油漆擦干净，五金、玻璃等应事先用纸等隔离材料进行保护，到工程交工前拆除。

（4）油漆完成后应派专人负责看管，严禁摸碰。

6.2　木饰面施涂清色油漆施工工艺

1）工艺流程

基层处理 → 砂纸打磨 → 润色油粉 → 砂纸打磨 → 满刮腻子一遍 → 磨光 → 清漆一遍 → 拼色 → 补刮腻子 → 磨光 → 清漆两遍 → 磨光 → 清漆三遍 → 水砂纸磨光 → 清漆四遍 → 磨光 → 清漆五遍 → 磨退 → 打砂蜡 → 清理成活。

2）操作工艺

（1）基层处理

① 胶合板基层。各种材质的胶合板饰面板材，进入施工现场后，首先应刮刷透明腻子，以保护胶合板的饰面层不受污染。

② 实木基层。首先将实木基层表面上的污尘、斑点、油污及胶迹等清除干净，然后用砂纸（1号以上）顺木纹方向打磨光滑。

（2）砂纸打磨

打磨是基层处理和涂饰工艺中不可缺少的操作环节。打磨底层时，要做到表面平整、光洁，便于油漆涂饰。底层和上层腻子应分别使用目数较低和较高的砂纸打磨，打磨完毕后，除去表面的灰尘。

（3）润色油粉

通过特定的工序，使原自然木纹更清晰地显示出来，色泽更加鲜艳。用水老粉或油老粉作为填孔料，满涂木材表面，填补钉眼、缝隙的缺陷等，使基层平整，然后用砂纸打磨平整。用棉丝蘸取填孔料，满涂木材表面，在木材表面反复擦涂，将填孔料擦进木材孔内。未干燥前，用麻布或木丝擦净，线角上的余粉用竹片剔除。待油粉干透后，用1号砂纸顺木纹轻轻打磨，打到光滑为止。保护棱角。

（4）满刮腻子

颜色要浅于样板1～2成，腻子油性大小适宜。用开刀将腻子刮入钉孔、裂纹等内，刮腻子时要横抹竖起，腻子要刮光，不留散腻子。待腻子干透后，用1号砂纸轻轻顺纹打磨，磨至光滑，潮布擦去粉尘。

（5）刷油色

涂刷动作要快，顺木纹涂刷，收刷、理油时都要轻快，不可留下接头刷痕，每个刷面要一次刷好，不可留有接头，涂刷后要求颜色一致、不盖木纹，涂刷程序与刷铅油相同。

（6）刷第一道清漆

刷法与刷油色相同，但应略加些汽油以便消光和快干，并应使用已磨出口的旧刷子。待漆干透后，用1号旧砂纸彻底打磨一遍，将头遍漆面先基本打磨掉，再用潮布擦干净。

（7）复补腻子

将带色腻子要刮干净、平滑，无腻子疤痕，不可损伤漆膜。

（8）修色

将表面的黑斑、节疤、腻子疤及材色不一致处拼成一色，并绘出木纹。

（9）磨砂纸

使用细砂纸轻轻往返打磨，再用潮布擦净粉末。

（10）刷多道清漆

周围环境要整洁,操作同刷第一道清漆,但动作要敏捷,多刷多理,涂刷饱满、不流不坠、光亮均匀。涂刷后一道油漆前应打磨消光。第一二遍醇酸清漆干燥后,用1号砂纸打磨平整,并复补腻子后再进行打磨。第三四遍醇酸清漆干燥后,分别用280~320号水砂纸打磨至平整、光滑。最后涂刷两遍丙烯酸清漆,干燥后分别用280~320号水砂纸打磨。从有光至无光,直至断斑,但不得磨破棱角。

（11）冬期施工

室内油漆工程,应在采暖条件下进行,室温保持均衡,温度不宜低于10 ℃,相对湿度不宜低于60％。

3）质量要求

（1）溶剂型涂料涂饰工程所选用涂料的品种型号和性能应符合设计要求。

（2）溶剂型涂料工程的颜色、光泽应符合设计要求。

（3）合页槽、上下冒头、榫头和钉孔、裂缝、节疤以及边棱残缺处应补齐腻子,砂纸打磨到位。应认真按照规程和工艺标准去操作。

（4）基层腻子应平整、坚实、牢固,无粉化、起皮和裂缝。

（5）溶剂型涂饰应涂刷均匀、黏结牢固,不得漏涂、透底、起皮和返锈。

4）成品保护

（1）每遍油漆前,都应将地面、窗台清扫干净,防止尘土飞扬,影响油漆质量。

（2）每遍油漆后,都应将门窗扇用栓钩勾住,防止门窗扇、框油漆黏结,破坏漆膜。

（3）刷油后应将滴在地面或窗台上及污染在墙上的油点清刷干净。

（4）油漆完成后,应派专人负责看管,并设警示牌。

6.3　一般刷(喷)浆涂料施工工艺

1）工艺流程

基层处理 → 喷、刷胶水 → 填补缝隙,局部刮腻子 → 磨平 → 第一遍满刮腻子 → 磨平 → 第二遍满刮腻子 → 磨平 → 刷(喷)第一遍浆 → 复找腻子 → 磨平 → 刷(喷)第二遍浆 → 复找腻子 → 磨平 → 刷(喷)交活浆 → 清理成活。

2）操作工艺

（1）基层处理

混凝土墙及抹灰表面的浮砂、灰尘、疙瘩等要清除干净,应用碱水(火碱：水＝

1∶10)清刷墙面,然后用清水冲刷干净。油污处应彻底清除。

（2）喷（刷）胶水

混凝土墙面在刮腻子前应先喷、刷一道胶水（重量比为水∶乳液＝5∶1），以增强腻子与基层表面的黏结性,应喷（刷）均匀一致,不得有遗漏处。

（3）填补缝隙,局部刮腻子

用石膏腻子将墙面缝隙及坑洼不平处分遍找平。操作时要横平竖起,填实抹平,并将多余腻子收净,待腻子干燥后用砂纸磨平,并把浮尘扫净。如还有坑洼不平处,可再补找一遍石膏腻子。其配合比为石膏粉∶乳液∶纤维素水溶液＝100∶45∶60,其中纤维素水溶液浓度为3.5%。

（4）磨平

局部刮腻子干燥后,用0～2号砂纸打磨平整。手工磨平应保证平整度,机械打磨严禁用力按压,以免电机过载受损。但是,对于木夹板基层,为防止基层泛底变色,表面应用硝基、醇酸清漆等做封底处理。

（5）满刮腻子

第一遍满刮用稠腻子,施工前将基层面清扫干净,用胶皮刮板满刮一遍,既要刮严,又不得有明显接槎和凸痕,做到凸处薄刮,凹处厚刮。待第一遍干透后,用0～2号砂纸打磨平整并扫净。然后,第二遍满刮用稀腻子找平,并做到线角顺直、阴阳角方正。

（6）刷（喷）第一遍浆

刷（喷）浆前应先将门窗口圈20 cm用排笔刷好,如墙面和顶棚为两种颜色时应在分色线处用排笔齐线并刷20 cm宽以利接槎,然后再大面积刷喷浆。刷（喷）顺序应按先顶棚后墙面、先上后下顺序进行。如喷浆时喷头距墙面宜为20～30 cm,移动速度要平稳,使涂层厚度均匀。如顶板为槽型板时,应先喷凹面四周的内角,再喷中间平面;其浆料配合比与调制方法如下。

① 调制石灰浆。将生石灰块放入容器内加入适量清水,等块灰熟化后再按比例加入应加的清水。其配合比为生石灰∶水＝1∶6（重量比）。

将食盐化成盐水,掺盐量为石灰浆重量的0.3%～0.5%,将盐水倒入石灰浆内搅拌均匀后,再用50～60目的铜丝箩过滤,所得的浆液即可喷（刷）。

采用石灰膏时,将石灰膏放入容器内,直接加清水搅拌,掺盐量同上,拌匀后,用50～60目的铜丝箩过滤使用。

② 调制大白浆。将大白粉破碎后放入容器中,加清水拌和成浆,再用50～60目的铜丝箩过滤。

将羧甲基纤维素放入缸内,加水搅拌使之完全溶解。其配合比为羧甲基纤维素∶水＝1∶40（重量比）。

聚醋酸乙烯乳液加水稀释与大白粉拌和,乳液掺量为大白粉重量的10%。

将以上三种浆液按大白粉:乳液:纤维素＝100:13:16混合搅拌后,过80目铜丝箩,拌匀后即成大白浆。如果配色浆,则先将颜料用水化开,过箩后放入大白浆中。

(7)复找腻子

第一遍浆干透后,对墙面上的麻点、坑洼、刮痕等用腻子重新复找刮平,干透后用细砂纸轻磨,并把粉尘扫净,达到表面光滑平整。

(8)刷(喷)第二遍浆

所用浆料与操作方法同第一遍浆。喷(刷)浆遍数由刷浆等级决定,机械喷浆可不受遍数限制,以达到质量要求为准。

(9)刷(喷)交活浆

待第二遍浆干后,用细砂纸将粉尘、溅沫、喷点等轻轻磨掉,并打扫干净,即可刷(喷)交活浆。交活浆应比第二遍浆的胶量适当增大一点,防止刷、喷浆的涂层掉粉,这是必须做到和满足的保证项目。

(10)清理

涂料涂刷完毕后,将所有纸胶带、保护膜等遮挡物清理干净,特别是与涂料分界处的遮挡物,最好用裁刀顺直划一下再揭,防止涂料膜撕成缺口。

3)质量要求

(1)选用刷(喷)浆的品种、型号、颜色、图案和性能应符合设计要求。

(2)残缺处应补齐腻子,砂纸打磨到位。应认真按照规程和工艺标准去操作。

(3)基层腻子应平整、坚实、牢固,无粉化、起皮和裂缝。

(4)涂刷均匀、黏结牢固,不得漏涂、透底、起皮和返锈。

(5)一般喷(刷)浆施工的环境温度不宜低于＋10℃,相对湿度不宜大于60%。

(6)厨房、卫生间墙面必须使用耐水腻子。

4)成品保护

(1)刷(喷)浆工序与其他工序要合理安排,避免刷(喷)后其他工序又进行修补工作。

(2)刷(喷)浆时室内外门窗、玻璃、水暖管线、电气开关盒、插座和灯座及其他设备不刷(喷)浆的部位,及时用废纸或塑料薄膜遮盖好。涂料施工后应将门窗关闭,防止触摸。

(3)浆活完工后应加强管理,按涂料使用说明规定的时间和条件进行养护,认真保护好墙面。

（4）为减少污染，应事先将门窗口圈用排笔刷好后，再进行大面积浆活的施涂工作。

（5）刷（喷）浆前应对已完成的地面面层进行保护，严禁落浆造成污染。

（6）最后一遍有光涂料刷涂完毕后，空气要流通，以防涂膜干燥后表面无光或光泽不足。

（7）移动浆桶、喷浆机等施工工具时严禁在地面上拖拉，防止损坏地面。

（8）浆膜干燥前，应防止尘土玷污和热气侵袭。

（9）拆架子或移动高凳应注意保护好已刷浆的墙面。

6.4 木地板施涂清漆打蜡施工工艺

1）工艺流程

地板面清理 → 磨砂纸 → 刷清漆 → 嵌缝、刮腻子 → 磨砂纸 → 复找腻子 → 刷第一遍油漆 → 磨光 → 刷第二遍油漆 → 干后刷交活油。

2）操作工艺

（1）木地板刷调和漆

① 地板面的处理：将表面的尘土、污物清扫干净，并将其缝隙内的灰砂剔扫干净。用 1.5 号木砂纸磨光，先磨踢脚板，后磨地板面，应顺木纹打磨，磨至以手摸不扎手为好，然后用 1 号砂纸加细磨平、磨光，并及时将磨下的粉尘清理干净，节疤处点漆片修饰。

② 刷清油：清油的配合比以熟桐油：松香水＝1：2.5 较好，这种油较稀，可使油渗透到木材内部，防止木材受潮变形及增强防腐作用，并能使后道腻子、刷漆油等能很好地与底层黏结。涂刷时应先刷踢脚，后刷地面，刷地面时应从远离门口一方退着刷。一般的房间可两人并排退刷，大的房间可组织多人一起退刷，使其涂刷均匀，不甩接槎。

③ 嵌、刮腻子：先配出一部分较硬的腻子，配合比为石膏粉：熟桐油：水＝20：7：50，其中水的掺量可根据腻子的软硬而定。用较硬的腻子来填嵌地板的拼缝，局部节疤及较大缺陷处，腻子干后，用 1 号砂纸磨平、扫净。再用上述配合比拌成较稀的腻子，将地板面及踢脚满刮一道。一室可安排两人操作，先刮踢脚，后刮地板，从里向外退着刮，注意两人接槎的腻子收头不应过厚。腻子干后，经检查，如有塌陷之处，再用腻子补平，等补腻子干后，用 1 号木砂纸磨平，并将面层清理干净。

④ 刷第一遍调和漆：应顺木纹涂刷，阴角处不应涂刷过厚，防止皱褶。待油漆干后，用 1 号木砂纸轻轻地打磨光滑，以磨光又不将油皮磨穿为度。检查腻子有无

缺陷，并复补腻子，此腻子应配色，其颜色应和所刷油漆颜色一致，干后磨平，并补刷油漆。

⑤刷第二遍调和漆：待第一遍漆干后，满磨砂纸、清净粉尘后，刷第二遍调和漆。

⑥刷第三遍交活漆调和漆：待第二遍调和漆干后，用磨砂纸磨光，清净粉尘，刷第三遍调和漆交活。

（2）木地板刷清漆

①地板面处理：将地板面上的尘土及缝隙内的灰砂剔扫干净，用1.5号木砂纸打磨，应先磨踢脚后磨地面，顺木纹反复打磨，磨至光滑，再换用1号木砂纸加细磨平磨光，最后将磨下的粉尘清扫干净。

②刷清油：用熟桐油∶松香水＝1∶2.5的比例调配，此清油较稀，并在清油内根据样板的颜色要求加入适当的颜料。刷油时先刷踢脚，后刷地面。一般房间可采用两人同时操作，从远离门口的一边退着刷，注意接槎处油层不可重叠过厚，要刷匀。

③嵌、刮腻子：应先配制一部分较硬的石膏腻子，其配合比为石膏粉∶熟桐油＝20∶7，水的用量根据实际所需腻子的软硬而增减。将拌好的腻子嵌填裂缝、拼缝，并修补较大缺陷处，应补好塞实。腻子干后，用1号砂纸磨平，并将粉尘清扫干净，再满刮一道腻子，腻子应根据样板颜色配兑。

头遍应顺木纹满刮一遍，干后，检查有无塌陷不平处，再用腻子补平，干后用1号砂纸磨平，清扫干净后，第二遍再满刮腻子一遍，要刮匀刮平，干后，用1号砂纸磨光，并将粉尘打扫干净。

④刷油色：先刷踢脚，后刷地板。刷油要匀，接槎要错开，且涂层不应过厚和重叠，要将油色用力刷开，使之颜色均匀。

⑤刷清漆三道：油色干后，用1号木砂纸打磨，并将粉尘用布擦净，即可涂刷清漆。先刷踢脚后刷地板，漆膜要涂刷厚些，待其干燥后有较稳定的光亮，干后，用0.5号砂纸轻轻打磨刷痕，不能磨穿漆皮，将粉尘清干净后，刷第二遍清漆，依此法再涂刷第三遍交活漆，刷后，要做好成品的保护工作，防止漆膜损坏。

（3）木地板刷漆片，打蜡出光

①地板面处理：清理地板上杂物，并扫净表面的尘土，用1号或1.5号木砂纸包裹木方按在地板上打磨，使其平整光滑，打磨时应先踢脚后地面。

②润油粉：配合比为大白粉∶松香水∶熟桐油＝24∶16∶2，并按样板要求掺入适量颜料，油粉拌好后，用棉丝蘸上在地板及踢脚上反复揉擦，将木板面上的棕眼全部填满、填实。干后，用0号砂纸打磨，将刮痕、印痕打磨光滑，并用干布将粉尘擦净。

③ 刷漆片两遍：将漆片兑稀，根据需要掺加颜料，刷完。干后修补腻子，其腻子颜色应与所刷漆片颜色相同，干后用 0.5 号木砂纸轻轻打磨，不应将漆膜磨穿。

④ 再刷漆片两遍：涂刷时动作要快，注意收头、拼缝处不能有明显的接槎和重叠现象。

⑤ 打蜡出光：用白色软布包光蜡，分别在踢脚和地板面上依次均匀地涂擦，要将蜡擦到均匀且不应涂擦过厚，稍干后，用干布反复涂擦使之出光。

（4）木地板刷聚氨酯清漆

① 地板面的处理：将板面及拼缝内的尘土清理干净，用 1.5 号木砂纸包木方顺木纹打磨，先踢脚后边角，最后磨大面，要磨光。对油污点可用碎玻璃刮净后再磨砂纸，并清理干净。

② 润油粉：按配合比大白粉：松香水：熟桐油＝24：16：2，并按样板要求掺入颜料拌和均匀，将油粉依次均匀地涂擦在踢脚和地板面上，将棕眼及木纹内擦实、擦严，并将多余的油粉清扫干净。

另一种方法是润水粉，水粉的重量配合比为大白粉：纤维素：颜料：水＝14：1：1：18，依此比例将水粉拌匀，并依次均匀地反复涂擦木材表面，将木纹、棕眼擦平擦严。批刮腻子，干后用 1 号砂纸打磨干净。

③ 刷第一遍聚氨酯清漆：待第一遍漆膜干后，用 0.5 号砂纸将刷纹磨光滑，用潮布擦净晾干后即可涂刷第二遍清漆。

④ 刷第三遍聚氨酯清漆：方法同上。

3）质量要求

（1）木地板油漆工程所选用涂料的品种、颜色、光泽、图案、型号和性能应符合设计要求。

（2）残缺处应补齐腻子，砂纸打磨要到位。应认真按照规程和工艺标准去操作。

（3）基层腻子应平整、坚实、牢固，无粉化、无起皮和裂缝。

（4）涂刷均匀、黏结牢固，不得漏涂、透底、起皮和返锈。

（5）一般油漆施工的环境温度不宜低于 10 ℃，相对湿度不宜大于 60％。

4）成品保护

（1）每次涂刷油漆前，将窗台上尘土清理干净，并在刷油漆时将窗子关闭，预防风尘污染漆面。

（2）刷油漆前应将地板面清理干净。

（3）施工操作应连续进行，不可中途停止，防止涂层损坏和接槎明显，不易修复。

（4）油刷完成后应有人负责锁门，以保持地面洁净，如需进门施工，宜将地板用塑料薄膜等保护好,施工人员应穿软底鞋,严禁穿带钉鞋在地板上行走。

(5) 严禁在交活后的地板面上随意剔凿、砸碰、推车和堆放杂物等,以免损坏地面。

(6) 严禁在地板上带水作业,或用水浸泡地板。

(7) 地板上落下砂浆等应及时清扫干净,防止磨损油漆面层。

复习思考题

1. 木饰面施涂混色油漆施工工艺流程有哪些?

2. 木饰面施涂清色油漆施工工艺流程有哪些?

3. 一般刷(喷)涂料施工工艺流程有哪些?

4. 木地板施涂清漆打蜡施工工艺流程有哪些?

5. 木饰面施涂清色油漆施工的质量要求有哪些?

6. 一般刷(喷)涂料施工的质量要求有哪些?

7 裱糊与软包工程

7.1 裱糊工程施工工艺

1）工艺流程

基层处理 →涂刷防潮剂 → 吊直、套方、找规矩、弹线 → 计算用量、裁纸 → 刷胶 → 裱糊修整。

2）操作工艺

（1）基层处理

根据基层不同材质，采用不同的处理方法。

① 混凝土及抹灰基层处理。裱糊壁纸的基层是混凝土面、抹灰面（如水泥砂浆、水泥混合砂浆、石灰砂浆等），要满刮腻子一遍打磨砂纸。但有的混凝土面、抹灰面有气孔、麻点、凸凹不平时，为了保证质量，应增加满刮腻子和磨砂纸遍数。

刮腻子时，将混凝土或抹灰面清扫干净，使用胶皮刮板满刮一遍。刮时要有规律，要一板排一板，两板中间顺一板。既要刮严，又不得有明显接槎和凸痕。做到凸处薄刮，凹处厚刮，大面积找平。待腻子干固后，打磨砂纸并扫净。

需要增加满刮腻子遍数的基层表面，应先将表面裂缝及凹面部分刮平，然后打磨砂纸、扫净，再满刮一遍后打磨砂纸，处理好的底层应该平整光滑，阴阳角线通畅、顺直，无裂痕、崩角，无砂眼、麻点。

② 木质基层处理。木基层要求接缝不显接槎，接缝、钉眼应用腻子补平并满刮油性腻子一遍（第一遍），用砂纸磨平。木夹板的不平整主要是钉接造成的，在钉接处木夹板往往下凹，非钉接处向外凸。所以第一遍满刮腻子主要是找平大面。第二遍可用石膏腻子找平，腻子的厚度应减薄，可在该腻子五六成干时，用塑料刮板有规律地压光，最后用干净的抹布轻轻将表面灰粒擦净。

对要贴金属壁纸的木基面处理，第二遍腻子时应采用石膏粉调配猪血料的腻子，其配比为 10∶3（重量比）。金属壁纸对基面的平整度要求很高，稍有不平处或粉尘，都会在金属壁纸裱贴后明显地看出。所以金属壁纸的木基面处理应与木家具打底方法基本相同，批抹腻子的遍数要求在三遍以上。批抹最后一遍腻子并打平后,用软布擦净。

③ 石膏板基层处理。纸面石膏板比较平整,披抹腻子主要是在对缝处和螺钉孔位处。对缝披抹腻子后,还需用棉纸带贴缝,以防止对缝处的开裂。在纸面石膏板上,应用腻子满刮一遍,找平大面,再第二遍腻子进行修整。

④ 不同基层对接处的处理。不同基层材料的相接处,如石膏板与木夹板、水泥或抹灰基面与木夹板、水泥基面与石膏板之间的对缝,应用棉纸带或穿孔纸带粘贴封口,以防止裱糊后的壁纸面层被拉裂撕开。

⑤ 涂刷防潮底漆和底胶。为了防止壁纸受潮脱胶,一般对要裱糊塑料壁纸、壁布、纸基塑料壁纸、金属壁纸的墙面涂刷防潮底漆。防潮底漆用酚醛清漆与汽油或松节油来调配,其配比为清漆:汽油(或松节油)＝1:3。该底漆可涂刷,也可喷刷,漆液不宜厚,且要均匀一致。

涂刷底胶是为了增加黏结力,防止处理好的基层受潮弄污。底胶一般用 108 胶配少许甲醛纤维素加水调成,其配比为 108 胶:水:甲醛纤维素＝10:10:0.2。底胶可涂刷,也可喷刷。在涂刷防潮底漆和底胶时,室内应无灰尘,且防止灰尘和杂物混入该底漆或底胶中。底胶一般是一遍成活,但不能漏刷、漏喷。目前,市场上主要采用成品防潮底膜代替前面提到的底漆和底胶。

若面层贴波音软片,基层处理最后要做到硬、干、光。在做完通常基层处理后,还需增加打磨和刷二遍清漆。

⑥ 基层处理中的底灰腻子有乳胶腻子与油性腻子之分,其配合比(重量比)如下:

a. 乳胶腻子

白乳胶(聚醋酸乙烯乳液):滑石粉:甲醛纤维素(2%溶液)＝1:10:2.5。

白乳胶:石膏粉:甲醛纤维素(2%溶液)＝1:6:0.6。

b. 油性腻子

石膏粉:熟桐油:清漆(酚醛)＝10:1:2。

复粉::熟桐油:松节油＝10:2:1。

(2) 吊直、套方、找规矩、弹线

① 顶棚:首先应将顶棚的对称中心线通过吊直、套方、找规矩的办法弹出中心线,以便从中间向两边对称控制。墙顶交接处的处理原则是:凡有挂镜线的按挂镜线弹线,没有挂镜线则按设计要求弹线。

② 墙面:首先应将房间四角的阴阳角通过吊垂直、套方、找规矩,并确定从哪个阴角开始按照壁纸的尺寸进行分块弹线控制(习惯做法是进门左阴角处开始铺贴第一张),有挂镜线的按挂镜线弹线,没有挂镜线的按设计要求弹线控制。

③ 具体操作方法:按壁纸的标准宽度找规矩,每个墙面的第一条纸都要弹线

找垂直,第一条线距墙阴角约 15 cm 处,作为裱糊时的准线。在第一条壁纸位置的墙顶处敲进一枚墙钉,将有粉锤线系上,铅锤下吊到踢脚上缘处,锤线静止不动后,一手紧握锤头,按锤线的位置用铅笔在墙面画一短线,再松开铅锤头查看垂线是否与铅笔短线重合。如果重合,就用一只手将垂线按在铅笔短线上,另一只手把垂线往外拉,放手后使其弹回,便可得到墙面的基准垂线。弹出的基准垂线越细越好。每个墙面的第一条垂线,应该定在距墙角距离约 15 cm 处。墙面上有门窗口的应增加门窗两边的垂直线,如图 7.1 所示。

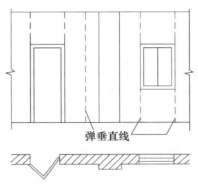

图 7.1　墙面弹线位置示意图

（3）计算用料、裁纸

按基层实际尺寸进行测量计算所需用量,并在每边增加 2～3 cm 作为裁纸量。

裁剪在工作台上进行。对有图案的材料,无论顶棚还是墙面均应从粘贴的第一张开始对花,墙面从上部开始。边裁边编顺序号,以便按顺序粘贴。

对于对花墙纸,为减少浪费,应事先计算,如需要 5 卷纸,则用 5 卷纸同时展开裁剪,可减少浪费。

（4）刷胶

由于现在的壁纸一般质量较好,所以不必进行润水,在施工前将 2～3 块壁纸进行刷胶,起到湿润、软化的作用,塑料壁纸裱糊前基层和壁纸背面均应涂刷胶粘剂,刷胶应厚薄均匀,从刷胶到上墙的时间控制在 5～7 min。复合壁纸不得浸水,裱糊前应先在壁纸背面涂刷胶粘剂,放置数分钟,裱糊时,基层表面应涂刷胶粘剂。纺织纤维壁纸不宜在水中浸泡,裱糊前宜用湿布清洁背面。玻璃纤维基材壁纸、无纺墙布无须进行浸润。金属壁纸的胶液应是专用的壁纸粉胶,刷胶时,准备一卷未开封的发泡壁纸,一边在裁好的壁纸背面刷胶,一边将刷过胶的部分向上卷在发泡壁纸卷上。

刷胶时,基层表面刷胶的宽度要比壁纸宽约 3 cm。刷胶要全面、均匀、不裹边、不起堆,以防溢出,弄脏壁纸。但也不能刷得过少,甚至刷不到位,以免壁纸黏结不牢。纸背涂胶后,纸背与纸背反复对叠,可避免胶污染正面,又能避免胶干得太快。

(5)裱贴

裱糊壁纸时,首先要垂直,后对花纹拼缝,再用刮板用力抹压平整。原则是先垂直后水平,先细部后大面。贴垂直面时先上后下,贴水平面时先高后低。从墙面所弹垂线开始至阴角处收口。

先将壁纸上部对位粘贴,使边缘靠着垂直准线,轻轻压平,再由中间向外用刷子将上半截刷平,然后将多余部分割去。再粘贴下半截,修齐踢脚板与墙壁间的角落。壁纸基本贴平后,再用胶皮刮板由上而下、由中部向两边抹刮,使壁纸平整贴实,并排净气泡和多余的胶液。

壁纸幅宽 500 mm 左右,其图案一直到纸边缘,未再留纸边。因此裱贴时采用拼缝贴法。拼贴时先对图案,后拼缝。从上至下图案吻合后,再用刮板斜向刮胶,将拼缝处擀密实,并揩干净擀出缝的胶液。发泡壁纸、复合壁纸禁止使用刮板擀压,只可用毛巾或板刷擀压,以免损坏花型或出现死褶。

阴阳角处理,阳角不可拼缝或搭接,应包角压实,接缝处距阳角的距离不得小于 20 mm。阴角壁纸搭缝应先裱压在里面转角的壁纸,再贴非转角的壁纸。阴角搭接面应根据垂直度而定,一般搭接宽度不小于 2～3 mm,并且要保持垂直无毛边,如图 7.2 所示。

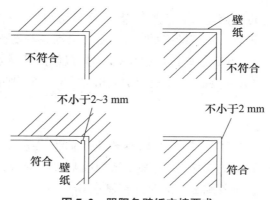

图 7.2　阴阳角壁纸交接要求

部分特殊裱贴面材,因其材料特征,在裱贴时有部分特殊的工艺要求如下:

① 金属壁纸的裱贴。金属壁纸的收缩量很少,在裱贴时可采用对缝裱,也可用搭缝裱。金属壁纸对缝时,都有对花纹拼缝的要求。

裱贴时,先从顶面开始对花纹拼缝,操作需要两个人同时配合,一个负责对花纹拼缝,另一个人负责手托金属壁纸卷,逐渐放展。一边对缝一边用橡胶刮平金属壁纸,刮时由纸的中部往两边压刮。使胶液向两边滑动而粘贴均匀,刮平时用力要均匀适中,刮子面要放平。不可用刮子的尖端来刮金属壁纸,以防刮伤纸面。若两幅间有小缝,则应用刮子在刚粘的这幅壁纸面上,向先粘好的壁纸这边刮,直到无缝为止。裱贴操作的其他要求与普通壁纸相同。

② 锦缎的裱贴。由于锦缎柔软光滑,极易变形,难以直接裱糊在木质基层面上。裱糊时,应先在锦缎背后上浆,并裱糊一层宣纸,使锦缎挺括,以便于裁剪和裱贴上墙。

上浆用的浆液是由面粉、防虫涂料和水配合成,其配比为(重量比)5∶40∶20,调配成稀而薄的浆液。上浆时,把锦缎正面平铺在大而干的桌面上或平滑的大木夹板上,并在两边压紧锦缎,用排刷沾上浆液从中间开始向两边刷,使浆液均匀地涂刷在锦缎背面,浆液不要过多,以打湿背面为准。

在另张大平面桌子(桌面一定要光滑)上平铺一张幅宽大于锦缎幅宽的宣纸。并用水将宣纸打湿,使纸平贴在桌面上。用水量要适当,以刚好打湿为好。

把上好浆液的锦缎从桌面上抬起来,将有浆液的一面向下,把锦缎粘贴在打湿的宣纸上,并用塑料刮片从锦缎的中间开始向四边刮压,以便使锦缎与宣纸粘贴均匀。待打湿的宣纸干后,便可从桌面取下,这时,锦缎与宣纸就贴合在一起。

锦缎裱贴前要根据其幅宽和花纹认真裁剪,并将每个裁剪完的开片编号,裱贴时,对号进行。裱贴的方法同金属纸。

③ 波音软片的裱贴。波音软片是一种自黏性饰面材料,因此,当基面做到硬、干、光后,不必刷胶。裱贴时,只要将波音软片的自黏底纸层撕开一条口。在墙壁面的裱贴中,首先对好垂直线,然后将撕开一条口的波音软片粘贴在饰面的上沿口。自上而下,一边撕开底纸层,一边用木块或有机玻璃夹片贴在基面上。如表面不平,可用吹风加热,以干净布在加热的表面处摩擦,可恢复平整。也可用电熨斗加热,但要调到中低挡温度。

3)质量要求

(1)壁纸、墙布的种类、规格、图案、颜色和燃烧性能等级必须符合设计要求及国家现行的有关规定。

(2)裱糊工程基层处理质量应符合要求。

(3)裱糊后各幅拼接应横平竖直,拼接处花纹、图案应吻合,不离缝,不搭接,在距离墙面 1.5 m 处正视不显拼缝。

(4)壁纸、墙布应粘贴牢固,不得有漏贴、补贴、脱层、空鼓和翘边。

(5)壁纸、墙布与各种装饰线、设备线盒应交接严密。

(6)壁纸、墙布边缘应平直整齐,不得有纸毛、飞刺。

（7）壁纸、墙布阴角处搭接应顺光，阳角处应无接缝。

4）成品保护

（1）墙布、锦缎装修饰面已裱糊完的房间应及时清理干净，不准做临时料房或休息室，避免污染和损坏，应设专人负责管理，如及时锁门，定期通风换气、排气等。

（2）在整个墙面装饰工程裱糊施工过程中，严禁非操作人员随意触摸成品。

（3）暖通、电气、上下水管工程裱糊施工过程中，操作者应注意保护墙面，严防污染和损坏成品。

（4）严禁在已裱糊完墙布、锦缎的房间内剔眼打洞。若纯属设计变更所至，也应采取可靠有效措施，施工时要仔细，小心保护，施工后要及时认真修补，以保证成品完整。

（5）二次补油漆、涂浆及地面磨石、花岗石清理时，要注意保护好成品，防止污染、碰撞与损坏墙面。

（6）墙面裱糊时，各道工序必须严格按照规程施工，操作时要做到干净利落，边缝要切割整齐到位，胶痕迹要擦干净。

（7）冬期在采暖条件下施工，要派专人负责看管，严防发生跑水、渗漏水等灾害性事故。

7.2　木作软包墙面施工工艺

1）工艺流程

面和天棚已基本完成，墙面和细木装修底板做完，开始做面层装修时插入软包墙面镶贴装饰和安装工程。

基层或底板处理 → 吊直、套方、找规矩、弹线 → 设置木楔 → 安装木龙骨 → 安装底层衬板 →计算用料、截面料 → 粘贴面料→安装贴脸或装饰边线、刷镶边油漆 → 修整软包墙面。

2）操作工艺

（1）基层或底板处理

在结构墙上预埋木砖，抹水泥砂浆找平层。如果是直接铺贴，则应先将底板拼缝用油腻子嵌平密实，满刮腻子1～2遍，待腻子干后，用砂纸磨平，粘贴前基层表面满刷清油一道。

（2）吊直、套方、找规矩、弹线

根据设计图纸要求，把该房间需要软包墙面的装饰尺寸、造型等通过吊直、套方、找规矩、弹线等工序，把实际尺寸与造型落实到墙面上。

（3）计算用料，套裁填充料和面料

首先根据设计图纸的要求，确定软包墙面的具体做法。

（4）粘贴面料

如采取直接铺贴法施工时，应待墙面细木装修基本完成时，边框油漆达到交活条件，方可粘贴面料。

（5）安装贴脸或装饰边线

根据设计选定和加工好的贴脸或装饰边线，按设计要求把油漆刷好（达到交活条件），便可进行装饰板安装工作。首先经过试拼，达到设计要求的效果后，便可与基层固定和安装贴脸或装饰边线，最后涂刷镶边油漆成活。

（6）修整软包墙面

除尘清理，粘贴保护膜和处理胶痕。

3）施工工艺

（1）基层处理

皮革或人造革软包，要求基层牢固，构造合理。如果是将它直接装设于建筑墙体及柱体表面，为防止墙体柱体的潮气使其基面板底翘曲变形而影响装饰质量，要求基层做抹灰和防潮处理。通常的做法是，采用 1∶3 的水泥砂浆抹灰做至 20 mm 厚。然后刷涂冷底子油一道并做一毡二油防潮层。

（2）弹线、设置木楔

木龙骨水平、竖向间距一般为 450 mm，根据木龙骨的间距尺寸，画水平标高并弹出分档线。木楔的横竖间距与龙骨间距相符，墙面上打木楔孔洞，采用冲击电钻钻孔，位置应在弹线的交叉点上，深度不小于 60 mm，木楔应事先做防腐处理。

（3）木龙骨及墙板安装

当在建筑墙、柱面做皮革或人造革装饰时，应采用墙筋木龙骨，墙筋木龙骨一般为（20～50）mm×（40～50）mm 截面的木方条，钉于墙、柱体的预埋木砖或预埋的木楔上，木砖或木楔的间距，与墙筋的排布尺寸一致，一般为 400～600 mm 间距，按设计图纸的要求进行分格或平面造型形式进行划分。常见形式为 450～450 mm 见方划分。

固定好墙筋之后，即铺钉夹板作基面板；然后以皮革或人造革包填塞材料覆于基面板之上，采用钉将其固定于墙筋位置；最后以电化铝帽头钉按分格或其他形式的划分尺寸进行钉固。也可同时采用压条，压条的材料可用不锈钢、铜或木条，既方便施工，又可使其立面造型丰富。

（4）面层固定

皮革和人造革饰面的铺钉方法，主要有成卷铺装和分块固定两种形式。此外尚有压条法、平铺泡钉压角法等,由设计而定。

① 成卷铺装法。由于人造革材料可成卷供应,当较大面积施工时,可进行成卷铺装。但需注意,人造革卷材的幅面宽度应大于横向木筋中距 50~80 mm;并保证基面五夹板的接缝须置于墙筋上,如图 7.3。

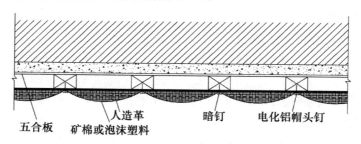

五合板　矿棉或泡沫塑料　人造革　　暗钉　　电化铝帽头钉

图 7.3　成卷铺设法

② 分块固定。这种做法是先将皮革或人造革与夹板按设计要求的分格划块进行预裁,然后一并固定于木筋上。安装时,以五夹板压住皮革或人造革面层,压边 20~30 mm,用圆钉钉于木筋上,然后将皮革或人造革与木夹板之间填入衬垫材料进而包覆固定。

必须注意的操作要点是:首先必须保证五夹板的接缝位于墙筋中线;其次,五夹板的另一端不压皮革或人造革而是直接钉于木筋上;再次就是皮革或人造革剪裁时必须大于装饰分格划块尺寸,并足以在下一个墙筋上剩余 20~30 mm 的料头。如此,第二块五夹板又可包覆第二片革面压于其上进而固定,照此类推,完成整个软包面。这种做法多用于酒吧台、服务台等部位的装饰,如图 7.4 所示。

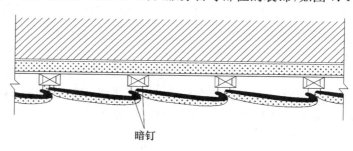

暗钉

图 7.4　分块固定法

③ 压条固定。这种方法一般用于较大面积的墙面。安装时,将五夹板平铺在木龙骨条上,并按木龙骨的间距尺寸弹线,然后将软包材料裁成条状或块状,放在有木龙骨条的位置上,用木压条或装饰条钉在木龙骨上,依次钉压,直至完成铺装,如图 7.5。

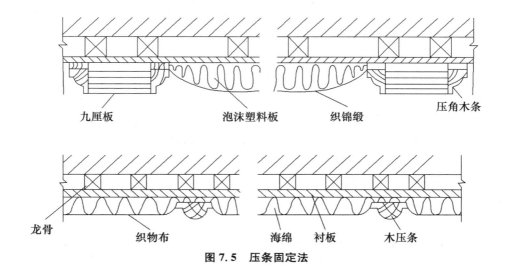

九厘板　　　　　泡沫塑料板　　　　织锦缎　　　　　压角木条

龙骨　　　　织物布　　　海绵　衬板　　　木压条

图 7.5　压条固定法

4）质量要求

（1）软包的面料、内衬材料及边框的材质、颜色、图案、燃烧性能等级和木材的含水率应符合设计要求及国家现行标准的有关规定。

（2）软包工程的安装位置及构造做法应符合设计要求。

（3）软包工程表面应平整、洁净，无凹凸不平及皱褶；图案应清晰、无色差，整体应协调美观。

（4）软包工程的龙骨、衬板、边框应安装牢固，无翘曲，拼缝应平直。

（5）单块软包面料不应有接缝，四周应绷压严密。

（6）软包工程安装允许偏差和检验方法应符合表 7.1。

表 7.1　软包工程安装允许偏差和检验方法

项　次	项　目	允许偏差(mm)	检　验　方　法
1	垂直度	3	用 1 m 垂直检测尺检查
2	边框宽度、高度	0，−2	用钢尺检查
3	对角线长度差	3	用钢尺检查
4	裁口、线条接缝高低差	1	用直尺和塞尺检查

5）成品保护

（1）施工过程中对已完成的其他成品注意保护，避免损坏。

（2）施工结束后将面层清理干净，现场垃圾清理完毕，洒水清扫或用吸尘器清理干净，避免扫起灰尘，造成软包二次污染。

（3）软包相邻部位需作油漆或其他喷涂时，应用纸胶带或废纸进行遮盖，避免污染。

复习思考题

1. 裱糊工程的施工工艺是什么？
2. 木作软包墙面的工艺是什么？
3. 裱糊工程根据基层不同材质，说出对下列基层的处理方法：
   （1）混凝土及抹灰基层处理；
   （2）木质基层处理；
   （3）石膏板基层处理。
4. 裱糊工程的质量要求有哪些？
5. 木作软包的施工工艺是什么？
6. 木作软包的质量要求有哪些？

8 门窗工程

8.1 木门窗制作与安装施工工艺

1）工艺流程

放样 → 配料、截料 → 画线 → 打眼 → 开榫、拉肩 → 裁口与倒角 → 拼装。

2）操作工艺

（1）放样

放样是根据施工图纸上设计好的木制品,按照足尺1:1将木制品构造画出来,做成样板（或样棒）,样板采用松木制作,双面刨光,厚约25 cm,宽等于门窗樘的断面宽,长比门窗高度大200 mm左右,经过仔细校核后才能使用,放样是配料和截料、画线的依据,在使用的过程中,注意保持其画线的清晰,不要使其弯曲或折断。

（2）配料、截料

配料是在放样的基础上进行的,因此,要计算出各部件的尺寸和数量,列出配料单,按配料单进行配料。配料时,对原材料要进行选择,有腐朽、斜裂节疤的木料,应尽量不用;不干燥的木料不能使用。精打细算,长短搭配,先配长料,后配短料;先配框料,后配扇料。门窗樘料有顺弯时,其弯度一般不超过4 mm,扭弯者一律不得使用。配料时,要合理地确定加工余量,各部件的毛料尺寸要比净料尺寸加大些,具体加大量可参考如下:

断面尺寸:单面刨光加大1～1.5 mm,双面刨光加大2～3 mm。机械加工时单面刨光加大3 mm,双面刨光加大5 mm。长度加工余量见表8.1。

配料时还要注意木材的缺陷,节疤应躲开眼和榫头的部位,防止凿劈或榫头断掉;起线部位也禁止有节疤。在选配的木料上按毛料尺寸画出截断、锯开线,考虑到锯解木料的损耗,一般留出2～3 mm的损耗量。锯时要注意锯线直,端面平。

表 8.1　门窗构件长度加工余量

构　件　名　称	加　工　余　量
门樘立梃	按图纸规格放长 7 cm
门窗樘冒头	按图纸放长 10 cm,无走头时放长 4 cm
门窗樘中冒头、窗樘中竖梃	按图纸规格放长 1 cm
门窗扇梃	按图纸规格放长 4 cm
门窗扇冒头、玻璃棂子	按图纸规格放长 1 cm
门扇中冒头	在五根以上者,有一根可考虑做半榫
门芯板	按图纸冒头及扇梃内净距放长各 2 cm

（3）刨料

刨料时,宜将纹理清晰的里材作为正面,对于樘子料任选一个窄面为正面,对于门、窗框的梃及冒头可只刨面,不刨靠墙的一面;门、窗扇的上冒头和梃也可先刨三面,靠樘子的一面待安装时根据缝的大小再进行修刨。刨完后,应按同类型、同规格樘扇分别堆放,上下对齐。每个正面相合,堆垛下面要垫实平整。

（4）画线

画线是根据门窗的构造要求,在各根刨好的木料上画出榫头线、打眼线等。

画线前,先要弄清楚榫、眼的尺寸和形式,什么地方做榫,什么地方凿眼,弄清图纸要求和样板式样,尺寸、规格必须一致,并先做样品,经审查合格后再正式画线。

门窗樘无特殊要求时,可用平肩插。樘梃宽超过 80 mm 时,要画双实榫;门扇梃厚度超过 60 mm 时,要画双头榫。60 mm 以下画单榫。冒头料宽度大于 180 mm 者,一般画上下双榫。榫眼厚度一般为料厚的 1/4～1/3。半榫眼深度一般不大于料断面的 1/4,冒头拉肩应和榫吻合。

成批画线应在画线架上进行。把门窗料叠放在架子上,将螺钉拧紧固定,然后用丁字尺一次画下来,既准确又迅速,并标识出门窗料的正面或背面。所有榫、眼注明是全眼还是半眼,透榫还是半榫。正面眼线画好后,要将眼线画到背面,并画好倒棱、裁口线,这样所有的线就画好了。要求线要画得清楚、准确、齐全。

（5）打眼

打眼之前,应选择等于眼宽的凿刀,凿出的眼,顺木纹两侧要直,不得出错槎。先打全眼,后打半眼。全眼要先打背面,凿到一半时,翻转过来再打正面直到贯穿。眼的正面要留半条里线,反面不留线,但比正面略宽。这样装榫头时,可减少冲击,以免挤裂眼口四周。

成批生产时,要经常核对,检查眼的位置尺寸,以免发生误差。

(6) 开榫、拉肩

开榫又称倒卯,就是按榫头线纵向锯开。拉肩就是锯掉榫头两旁的肩头,通过开榫和拉肩操作就制成了榫头。拉肩、开榫要留半个墨线。锯出的榫头要方正、平直、榫眼处完整无损,没有被拉肩操作面锯伤。半榫的长度应比半眼的深度少2～3 mm。锯成的榫要求方、正,不能伤榫根。楔头倒棱,以防装楔头时将眼背面顶裂。

(7) 裁口与倒棱

裁口即刨去框的一个方形角部分,供装玻璃用。用裁口刨子或用歪嘴子刨。快刨到要刨的部分时,用单线刨子刨,去掉木屑,刨到为止。裁好的口要求方正平直,不能有戗槎起毛、凹凸不平的现象。倒棱也称为倒八字,即沿框刨去一个三角形部分。倒棱要平直、板实,不能过线。裁口需留1 mm,可用电锯切割再用单线刨子刨到需求位置为止。

(8) 拼装

拼装前对部件应进行检查,要求部件方正、平直,线脚整齐分明,表面光滑,尺寸规格、式样符合设计要求。并用细刨将遗留墨线刨光。

门窗框的组装,是在一根边梃的眼里装上另一边的梃;用锤轻轻敲打拼合,敲打时要垫木块防止打坏榫头或留下敲打的痕迹。待整个拼好以后,再将所有榫头敲实,锯断露出的榫头。拼装前先将楔头沾抹上胶再用锤轻轻敲打拼合。

门窗扇的组装方法与门窗框基本相同。但木扇有门心板,须先把门心板按尺寸裁好,一般门心板应比门扇边上量得的尺寸小3～5 mm,门心板的四边去棱,刨光,净好。然后,先把一根门梃平放,将冒头逐个装入,门心板嵌入冒头与门梃的凹槽内,再将另一根门梃的眼对准榫装入,并用锤垫木块敲紧。

门窗框、扇组装好后,为使其成为一个结实的整体,必须在眼中加木楔,将榫在眼中挤紧。木楔长度为榫头的2/3,宽度比眼宽窄0.5寸,如4寸眼,则楔子宽为3.5寸。楔子头用扁铲顺木纹铲尖,加楔时应先检查门窗框、扇的方正,掌握其歪扭情况,以便在加楔时调整、纠正。

一般每个榫头内必须加两个楔子。加楔时,用凿子或斧子把榫头凿出一道缝,将楔子两面抹上胶插进缝内。敲打楔子要先轻后重,逐步挤入,不要用力太猛。当楔子已打不动,眼已扎紧饱满,就不要再敲,以免将木料挤裂。在加楔的过程中,对框、扇要随时用角尺或尺杆卡窜角找方正,并校正框、扇的不平处,加楔时注意纠正。

组装好的门窗、扇用细刨刨平,先刨光面。双扇门窗要配好对,对缝的裁口要刨好。安装前,门窗框靠墙的一面,均要刷一道防腐剂,以增强防腐能力。

为了防止在运输过程中门窗框变形,在门框下端钉上拉杆,拉杆下皮正好是锯口。大的门窗框,在中贯档与梃间要钉八字撑杆,外面四个角也要钉八字撑杆。

门窗框组装、净面后,应按房间编号,按规格分别码放整齐,堆垛下面要垫木块。不准在露天堆放,要用油布盖好,以防止日晒雨淋。门窗框进场后应尽快刷一道底油防止风裂和污染。

(9)门窗框的安装

① 主体结构完工后,复查洞口标高、尺寸及木砖位置。

② 将门窗框用木楔临时固定在门窗洞口内相应位置。

③ 用吊线坠校正框的正、侧面垂直度,用水平尺校正框冒头的水平度。

④ 用砸扁钉帽的钉子钉牢在木砖上。钉帽要冲入木框内 1~2 mm,每块木砖要钉两处。

⑤ 高档硬木门框应用钻打孔,木螺丝拧固并拧进木框 5 mm,用同等木补孔。

(10)门窗扇的安装

① 量出榫口净尺寸,考虑留缝宽度。确定门窗扇的高、宽尺寸,先画出中间缝处的中线,再画出边线,并保证梃宽一致。四边画线。

② 若门窗扇高、宽尺寸过大,则刨去多余部分。修刨时应先锯余头,再行修刨。门窗扇为双扇时,应先做打叠高低缝,并以开启方向的右扇压左扇。

③ 若门窗扇高、宽尺寸过小,可在下边或装合页一边用胶和钉子绑钉刨光的木条。钉帽砸扁,钉入木条内 1~2 mm。然后锯掉余头刨平。

④ 平开扇的底边,中悬扇的上下边,上悬扇的下边,下悬扇的上边等与框接触且容易发生摩擦的边,应刨成 1 mm 斜面。

⑤ 试装门窗扇时,应先用木楔塞在门窗扇的下边,然后再检查缝隙,并注意窗棱和玻璃芯子平直对齐。合格后画出合页的位置线,剔槽装合页。

(11)门窗小五金的安装

① 所有小五金必须用木螺丝固定安装,严禁用钉子代替。使用木螺丝时,先用手锤钉入全长的 1/3,接着用螺丝刀拧入。当木门窗为硬木时,先钻孔径为木螺丝直径 0.9 倍的孔,孔深为木螺丝全长的 2/3,然后再拧入木螺丝。

② 铰链距门窗扇上下两端的距离为扇高的 1/10,且避开上下冒头。安好后必须灵活。

③ 门锁距地面约高 0.9~1.05 m,应错开中冒头和边梃的榫头。

④ 窗拉手应位于门窗扇中线以下,窗拉手距地面 1.5~1.6 m。

⑤ 窗风钩应装在窗框下冒头与窗扇下冒头夹角处,使窗开启后成 90°角,并使上下各层窗扇开启后整齐划一。

⑥ 门插销位于门拉手下边。装窗插销时应先固定插销底板,再关窗打插销压

痕,凿孔,打入插销。

⑦ 门扇开启后易碰墙的门,为固定门扇应安装门吸。

⑧ 小五金应安装齐全,位置适宜,固定可靠。

3)质量要求

(1)通过观察、检查材料进场验收记录和复验报告等方法,检验木门窗的木材品种、材质等级、规格、尺寸、框扇的线型及人造夹板的甲醛含量是否符合设计要求。

(2)木门窗的品种、类型、规格、开启方向、安装位置及连接方式应符合设计要求。

(3)木门窗的防火、防腐、防虫处理应符合设计要求。

(4)立框时掌握好抹灰层厚度,确保有贴脸的门窗框安装后与抹灰面平齐。

(5)木砖的埋置一定要满足数量和间距的要求,即 2 m 高以内的门窗每边不少于 3 块木砖,木砖间距以 0.8～0.9 m 为宜;2 m 高以上的门窗框,每边木砖间距不大于 1 m,以保证门窗框安装牢固。

(6)胶合板门、纤维板门和模压门不得脱胶。胶合板不得刨透表层单板,不得有戗槎。制作胶合板门、纤维板门时,边框和横棱应在同一平面上,面层、边框及横棱应加压胶结。横棱和上、下冒头应各钻两个以上的透气孔,透气孔应通畅。

(7)木门窗配件的型号、规格、数量应符合设计要求,安装应牢固,位置应正确,功能应满足使用要求。

(8)木门窗扇必须安装牢固,并应开关灵活,关闭严密,无倒翘。

4)成品保护

(1)一般木门框安装后应用铁皮保护,其高度以手推车轴中心为准,如门框安装与结构同时进行,应采取措施防止门框碰撞或移位变形。对于高级硬木门框宜用 1 cm 厚木板条钉设保护,防止砸碰,破坏裁口,影响安装。

(2)安装过程中,须采取防水防潮措施。在雨季或湿度大的地区应及时油漆门窗。

(3)调整修理门窗时不能硬撬,以免损坏门窗和小五金。

(4)安装工具应轻拿轻放,以免损坏成品。

(5)已装门窗框的洞口,不得再做运料通道,如必须用作运料通道时,必须做好保护措施。

(6)严禁将窗框扇作为架子的支点使用,防止脚手板砸碰损坏。

(7)五金安装应符合图纸要求,安装后应注意成品的保护,喷浆时应遮盖保护,以防污染。已安装好的门窗扇如不能及时安装五金件,应派专人管理,防止刮风时损坏门窗及玻璃。

8.2　门窗玻璃安装施工工艺

1) 工艺流程

清理门窗框 → 量尺寸 → 下料 → 裁割 → 安装。

2) 操作工艺

(1) 门窗玻璃安装顺序,一般先安外门窗,后安内门窗,先西北后东南的顺序安装;如果因工期要求或劳动力允许,也可同时进行安装。

(2) 玻璃安装前应清理裁口。先在玻璃底面与裁口之间,沿裁口的全长均匀涂抹 1~3 mm 厚的底油灰,接着把玻璃推铺平整、压实,然后收净底油灰。

(3) 木门窗玻璃推平、压实后,四边分别钉上钉子,钉子间距 150~200 mm,每边不少于 2 个钉子,钉完后用手轻敲玻璃,响声坚实,说明玻璃安装平实;如果响声啪啦啪啦,说明油灰不严,要重新取下玻璃,铺实底油灰后,再推压挤平,然后用油灰填实,将灰边压平压光,并不得将玻璃压得过紧。

(4) 木门窗固定扇(死扇)玻璃安装,应先用扁铲将木压条撬出,同时退出压条上小钉,并将裁口处抹上底油灰,把玻璃推铺平整,然后嵌好四边木压条将钉子钉牢,底灰修好、刮净。

(5) 门窗安装彩色玻璃和压花,应按照明设计图案仔细裁割,拼缝必须吻合,不允许出现错位、松动和斜曲等缺陷。

(6) 铝合金框扇安装玻璃,安装前,应清除铝合金框的槽口内所有灰渣、杂物等,畅通排水孔。在框口下边槽口放入橡胶垫块,以免玻璃直接与铝合金框接触。

安装玻璃时,使玻璃在框口内准确就位,玻璃安装在凹槽内,内外侧间隙应相等,间隙宽度一般在 2~5 mm。

采用橡胶条固定玻璃时,先用 10 mm 长的橡胶块断续地将玻璃挤住,再在胶条上注入密封胶,密封胶要连续注满在周边内,注得均匀。

采用橡胶块固定玻璃时,先将橡胶压条嵌入玻璃两侧密封,然后将玻璃挤住,再在其上面注入密封胶。采用橡胶压条固定玻璃时,先将橡胶压嵌入玻璃两侧密封,容纳后将玻璃挤紧,上面不再注密封胶。橡胶压条长度不得短于所需嵌入长度,不得强行嵌入胶条。

(7) 玻璃安装后,应进行清理,将油灰、钉子及木压条等随即清理干净,关好门窗。

(8) 冬期施工应在已经安装好玻璃的室内作业(即内门窗玻璃),温度应在0 ℃以上;存放玻璃库房与作业面的温度不能相差过大,玻璃如果从过冷或过热的环境中运入操作地点,应待玻璃温度与室内温度相近后再进行安装;如果条件允许,要先将预先裁割好的玻璃提前运入作业地点。

3)质量要求

(1)玻璃的品种、规格、尺寸、色彩、图案和涂膜朝向应符合设计要求。

(2)门窗玻璃裁割尺寸应正确。安装后的玻璃应牢固,不得有裂纹、损伤和松动。

(3)防止底油灰铺垫不严:用手指敲弹玻璃时有响声。应在铺底灰及嵌钉固定时,认真操作仔细检查。

(4)防止油灰棱角不整齐,油灰表面凹凸不平:操作时最后收刮油灰要稳,到角部要刮出八字角,不可一次刮下。

(5)防止表面观感差:操作者应认真操作,油灰的质量应有保证,温度要适宜,不干不软。

(6)木压条、钢丝卡、橡皮垫等附件安装时应经过挑选,防止出现变形,影响玻璃美观;污染的斑痕要及时擦净;如钢丝卡露头过长,应事先剪断。

(7)安装玻璃应避开风天,安装多少备多少,并将破碎多余的玻璃及时清理或送回库里。

4)成品保护

(1)已安装好的门窗玻璃,必须设专人负责看管维护,按时开关门窗,尤其在大风天气,更应该注意,以防玻璃损坏。

(2)门窗玻璃安装完,应随手挂好风钩或插上插销,以防刮风损坏玻璃。

(3)对面积较大、造价昂贵的玻璃,宜在该项工程交工验收前安装,若提前安装,应采取保护措施,以防损伤玻璃。

(4)安装玻璃时,操作人员要加强对窗台及门窗口抹灰等项目的成品保护。

8.3 全玻门安装施工工艺

1)工艺流程

(1)固定部分安装

放线、定点 → 不锈钢限位槽安装 → 固定底托 → 安装竖向门框 → 裁割玻璃 → 安装玻璃板 → 注胶封口。

(2)活动玻璃门扇安装

地弹簧的安装 → 固定门窗上下横档 → 门窗固定 → 安装拉手。

2）操作工艺

（1）固定部分安装

① 放线、定点：固定玻璃隔断或活动玻璃门扇必须统一放线定位，确定门框位置，准确测量地面标高及门框顶部标高。

② 门框顶部不锈钢限位槽的安装：限位槽的宽度应大于玻璃厚度 2～4 mm，槽深在 10～20 mm 之间，以便注胶。安装方法可由中心线引出两条金属装饰板边线，然后按边线进行安装。槽口内的木垫板是调整槽深的，通过垫板的增多或减少调整。

③ 固定底托：不锈钢（或铜）饰面的木底托，可用木楔加钉的方法固定于地面，然后再用万能胶将不锈钢饰面板黏卡在木方上。如果是采用铝合金方管，可用铝角将其固定在框柱上，或用木螺钉固定于地面埋入的木楔上。

④ 安装竖向门框：按所弹中心线钉立门框方木，然后用胶合板确定门框柱的外形尺寸和位置的固定，最后外包金属装饰面，要把饰面接缝放置在安装玻璃的两侧中间位置，接缝必须准确并垂直。

⑤ 裁割玻璃：厚玻璃的安装尺寸，应从安装位置的底部、中部和顶部进行测量，选择最小尺寸为玻璃板宽度的切割尺寸。如果在上、中、下测得的尺寸一致，其玻璃宽度的裁割应比实测尺寸小 3～5 mm。玻璃板的高度方向裁割应小于实测尺寸的 3～5 mm。玻璃板裁割后，应将其四周作倒角处理，倒角宽度为 2 mm，如若在现场自行倒角，应手握细砂轮块做缓慢细磨操作，防止崩边崩角。

⑥ 安装玻璃板：用玻璃吸盘将玻璃板吸紧，然后进行玻璃就位。先把玻璃板上边插入门框顶部的限位槽内，然后将其下边安放于木底托上的不锈钢包面对口缝内。

在底托上固定玻璃板的方法为：在底托木方上钉木条板，距玻璃板面 4 mm 左右；然后在木板条上涂刷万能胶，将饰面不锈钢板片黏卡在木方上。

⑦ 注胶封口：玻璃门固定部分的玻璃板就位以后，即在顶部限位槽处和底部的底托固定处，以及玻璃板与框柱的对缝等各缝隙处，均注胶密封。首先将玻璃胶开封后装入打胶枪内，即用胶枪的后压杆端头板顶住玻璃胶罐的底部；然后一只手托住胶枪身，另一只手握着注胶压柄不断松压循环地操作压柄，将玻璃胶注于需要封口的缝隙端。由需要注胶的缝隙端头开始，顺缝隙匀速移动，使玻璃胶在缝隙处形成一条均匀的直线。最后用塑料片刮去多余的玻璃胶，用刀片擦净胶迹。

门上固定部分的玻璃板需要对接时，其对接缝应有 3～5 mm 的宽度，玻璃板边都要进行倒角处理。当玻璃块留缝定位并安装稳固后，即将玻璃胶注入其对接的缝隙，用塑料片在玻璃板对缝的两面把胶刮平，用刀片擦净胶料残迹。

（2）活动玻璃门扇安装

全玻璃活动门扇的结构没有门扇框，门扇的启闭由地弹簧实现，地弹簧与门扇的上下金属横档进行铰接。

① 地弹簧的安装。地弹簧是安装在各类门扇下面的一种自动闭门装置。在玻璃门扇的上下金属横档内画线，按线固定转动销的销孔板和地弹簧的转动轴连接板。门扇安装前，地面地弹簧与门框顶面的定位销应定位安装完毕，安装时吊垂线检查，确保地弹簧转轴与定位销的中心线在同一直线上。

② 确定门扇高度。玻璃门扇的高度尺寸，在裁割玻璃板时应注意包括插入上下横档的安装部分。一般情况下，玻璃高度尺寸应小于测量尺寸 5 mm 左右，以便于安装时进行定位调节。

把上、下横档（多采用镜面不锈钢成型材料）分别装在厚玻璃门扇上下两端，并进行门扇高度的测量。如果门扇高度不足，即其上下边距门横框及地面的缝隙超过规定值，可在上下横档内加垫胶合板条进行调节。如果门扇高度超过安装尺寸，只能由专业玻璃工将门扇多余部分裁去。

③ 固定上下横档。门扇高度确定后，即可固定上下横档，在玻璃板与金属横档内的两侧空隙处，由两边同时插入小木条，轻敲稳实，然后在小木条、门扇玻璃及横档之间形成的缝隙中注入玻璃胶。

④ 门扇固定。进行门扇定位安装。先将门框横梁上的定位销本身的调节螺钉调出横梁平面 1～2 mm，再将玻璃门扇竖起来，把门扇下横档内的转动销连接件的孔位对准地弹簧的转动销轴，并转动门扇将孔位套入销轴上。然后把门扇转动 90°使之与门框横梁成直角，把门扇上横档中的转动连接件的孔对准门框横梁上的定位销，将定位销插入孔内 15 mm 左右（调动定位销上的调节螺钉）。

⑤ 安装拉手。全玻璃门扇上的拉手孔洞，一般是事先订购时就加工好的，拉手连接部分插入孔洞时不能很紧，应有松动。安装前在拉手插入玻璃的部分涂少许玻璃胶；如若插入过松，可在插入部分裹上软质胶带。拉手组装时，其根部与玻璃贴紧后再拧紧固定螺钉。

3）质量要求

（1）门的质量和各项性能应符合设计要求。

（2）特种门的品种、类型、规格、尺寸、开启方向、安装位置及防腐处理应符合设计要求。

（3）特种门的安装必须牢固。预埋件的数量、位置、埋设方式、与框的连接方式必须符合设计要求。

（4）特种门的配件应齐全，位置应正确，安装应牢固，功能应满足使用要求和特种门的各项性能要求。

4）成品保护

（1）玻璃门安装时，应轻拿轻放，严禁相互碰撞。避免扳手、钳子等工具碰坏玻璃门。

（2）安装好的玻璃门应避免硬物碰撞，避免硬物擦划，保持清洁不污染。

（3）玻璃门的材料进场后，应在室内竖直靠墙排放，并靠放稳当。

（4）安装好的玻璃门或其拉手上严禁悬挂重物。

复习思考题

1. 木门窗制作与安装施工工艺流程有哪些？

2. 门窗扇的安装操作工艺是什么？

3. 木门窗制作与安装施工质量要求有哪些？

4. 门窗玻璃安装施工有哪些？

5. 全玻门安装施工工艺流程有哪些？

6. 全玻门安装施工质量要求有哪些？

9 地面工程

9.1 地砖面层施工工艺

1）工艺流程

检验水泥、砂、砖质量 → 试验 → 技术交底 → 准备机具设备 → 基层处理 → 水泥砂浆找平 → 找标高、弹线 → 安装标准块 → 选料 → 浸润 → 铺设结合层砂浆 → 铺砖 → 勾缝 → 养护 → 检查验收。

2）操作工艺

（1）基层处理

地面上的坑、洞、埋设管道线路的沟槽应提前抹平，灰尘、附着物等清理干净，并洒水充分湿润。表面平整用 2 m 靠尺检查，偏差不得大于 5 mm，标高偏差不得大于±8 mm。

（2）找标高

根据水平标准线和设计厚度，在四周墙、柱上弹出面层的上平标高控制线。

（3）选料

将房间依照砖的尺寸留缝大小，尽可能用电脑排出砖的放置位置，选出合理方案，统计出具体的砖数，以排列美观和减少损耗为目的。并在基层地面弹出十字控制线和分格线。排砖应符合设计要求，当设计无要求时，宜避免出现板块小于 1/4 边长的边角料。

（4）浸润

砖浸水前，检查地砖的色差、直角度、翘曲度。地砖品种、规格、颜色和图案应符合设计、住户要求，饰面板表面不得有划痕、缺棱掉角等质量缺陷。提前 2 h 浸水，不泛气泡时取出，晾干后达到外干内湿，表面无水迹，选色使用。

（5）铺设结合层砂浆

铺设前应将基底湿润，并在基底上刷一道素水泥浆或界面结合剂，随刷随铺设搅拌均匀的干硬性水泥砂浆。

（6）铺砖

将砖放置在干拌料上，用橡皮锤找平，之后将砖拿起，在干拌料上浇适量素水泥浆，同时在砖背面涂厚度约 1 mm 的素水泥膏，再将砖放置在找过平的干拌料上，用橡皮锤按标高控制线和方正控制线坐平坐正。

（7）平整度检查

铺砖时应先在房间中间按照十字线铺设十字控制砖，之后按照十字控制砖向四周铺设，并随时用 2 m 靠尺和水平尺检查平整度。大面积铺贴时应分段、分部位铺贴。

（8）分格线

如设计有图案要求时，应按照设计图案弹出准确分格线，并做好标记，防止差错。

（9）勾缝

当砖面层的强度达到可上人的时候，进行勾缝，用白水泥或专用勾缝剂灌缝，棉纱擦缝。要求缝清晰、顺直、平整、光滑、深浅一致，缝应低于砖面0.5～1 mm。

（10）养护

当砖面层铺贴完 24h 内应开始浇水养护，3 日内不得重压、上人和受震动，3 天后检查有无空鼓、不平、缝宽不一致等缺陷，不符合要求的应返工。地砖铺设检测标准应满足要求，见表 9.1。

表 9.1　地砖铺设允许偏差及检验方法

项　次	项　目	允许偏差（mm）	检　验　方　法
1	表面平整度	2	用 2 m 靠尺和塞尺检查
2	缝格平直	3	拉 5 m 线和钢尺检查
3	接缝高低差	0.5	用直尺和塞尺检查
4	踢脚线上口平直	3	拉 5 m 线和钢尺检查
5	板块间隙宽度	2	用钢尺和塞尺检查

（11）环境温度

冬季施工时，环境温度不应低于 5 ℃。

3）质量要求

（1）砖面层表面应洁净，图案清晰，色泽一致，接缝平整，深浅一致，周边顺直。板块无裂纹、缺棱、掉角等缺陷。

（2）面层邻接处的镶边用料及尺寸应符合设计要求，边角整齐光滑。

（3）面层与下一层应结合牢固，无空鼓、裂纹。

（4）面层表面的坡度应符合设计要求，不倒泛水，无积水；与地漏、管道结合处应严密牢固，无渗漏。

（5）踢脚线表面应洁净、高度一致、结合牢固，出墙厚度一致。

（6）楼梯踏步和台阶板块的缝隙宽度应一致、齿角整齐；楼层梯段相邻踏步高度差不应大于 10 mm；防滑条应顺直。

4）成品保护

（1）施工时应注意对定位定高的标准杆、尺、线的保护，不得触动、移位。

（2）对所覆盖的隐蔽工程要有可靠保护措施，不得因浇筑砂浆造成漏水、堵塞、破坏或降低等级。

（3）砖面层完工后在养护过程中应进行遮盖和拦挡，保持湿润，避免受侵害。当水泥砂浆结合层强度达到设计要求后，方可正常使用。

（4）后续工程在砖面上施工时，必须进行遮盖、支垫，严禁直接在砖面上动火、焊接、和灰、调漆、支铁梯、搭脚手架等；进行上述工作时，必须采取可靠的保护措施。

9.2　大理石和花岗岩面层施工工艺

1）工艺流程

检验水泥、砂、大理石和花岗岩质量 → 试验 → 技术交底 → 试拼编号 → 准备机具设备 → 找标高 → 基底处理 → 试排 → 铺抹结合层砂浆 → 铺大理石和花岗岩 → 养护 → 勾缝 → 打蜡 → 检查验收。

2）操作工艺

（1）试拼编号

在正式铺设前，对每一房间的石材板块，应按图案、颜色、纹理试拼，将非整块板对称排放在房间靠墙部位，试拼后按两个方向编号排列，然后按编号码放整齐。

（2）找标高

根据水平标准线和设计厚度，在四周墙、柱上弹出面层的上平标高控制线。

（3）基层处理

把沾在基层上的浮浆、落地灰等用錾子或钢丝刷清理掉，再用扫帚将浮土清扫干净。

（4）排大理石和花岗岩

在房内相互垂直的方向，铺两条干砂，其宽度大于板块，厚度不小于 3 cm。根据图纸把板块排好，以便检查缝隙，核对板块与墙面、柱、洞口等的相应位置。

（5）铺设结合层砂浆

根据水平线，定出地面找平层厚度，拉十字线，铺找平层，要求使用 1∶2 的干硬性水泥砂浆。铺设前应将基底湿润，并在基底上刷一道水灰比为 0.4～0.5 的素水泥浆或界面结合剂，随刷随铺设搅拌均匀的干硬性水泥砂浆。

（6）铺大理石或花岗岩

一般房间应先里后外铺设，即先从远离门口的一边开始，按照试拼编号依次铺贴，逐步退至门口。在铺好的水泥砂浆上试铺合适后，翻开石板，浇一层水灰比 1∶0.5 的素水泥浆，然后正式镶铺。镶铺时，板块四角应当同时水平下落，对准纵横缝后，用木槌轻敲振实，并用水平尺找平，如发现空隙应将石板掀起用砂浆补实再行安装。大理石板块之间接缝要严，不留缝隙。对于铜镶条的板块铺贴，先将两块板铺贴平整，缝隙略小于镶条宽度，对缝隙内灌抹水泥砂浆后抹平，用木槌将铜条敲入缝隙内，并且略高于板块平面，最后擦去溢出的砂浆。

（7）平整度

铺大理石或花岗岩时应先在房间中间按照十字线铺设十字控制板块，之后按照十字控制板块向四周铺设，并随时用 2 m 靠尺和水平尺检查平整度。大面积铺贴时应分段、分部位铺贴。

（8）分格线

如设计有图案要求时，应按照设计图案弹出准确分格线，并做好标记，防止差错。

（9）养护

当大理石或花岗岩面层铺贴完应养护，养护时间不得小于 3 d。

（10）勾缝

当大理石或花岗岩面层的强度达到可上人的时候（结合层抗压强度达 1.2 MPa），进行勾缝，用同种、同强度等级、同色的掺色水泥膏或专用勾缝膏。颜料应使用矿物颜料，严禁使用酸性颜料。缝要求清晰、顺直、平整、光滑、深浅一致，缝色与石材颜色一致。

（11）打蜡

板块镶铺 24 h 后，洒水养护 48 h，清水清洗表面，干燥后，才可进行打蜡抛光。

（12）环境温度

冬季施工时，环境温度不应低于 5 ℃。

3）质量要求

（1）大理石和花岗岩面层表面应洁净、平整、无磨痕，且应图案清晰、色泽一致，接缝平整，周边顺直，镶嵌正确，板块无裂纹、缺棱、掉角等缺陷。

（2）面层与下一层应结合牢固，无空鼓。

（3）面层表面的坡度应符合设计要求，不倒泛水、无积水；与地漏、管道结合处应严密牢固，无渗漏。

（4）踢脚线表面应洁净、高度一致、结合牢固，出墙厚度一致。

（5）楼梯踏步和台阶板块的缝隙宽度应一致、齿角整齐；楼层梯段相邻踏步高度差不应大于 10 mm；防滑条应顺直牢固。

4）成品保护

（1）施工时应注意对定位定高的标准杆、尺、线的保护，不得触动、移位。

（2）对所覆盖的隐蔽工程要有可靠保护措施，不得因浇筑砂浆造成漏水、堵塞、破坏或降低等级。

（3）大理石或花岗岩面层完工后在养护过程中应进行遮盖、拦挡和湿润，不应少于 3 d。当水泥砂浆结合层的抗压强度达到设计要求后方可正常使用。

（4）后续工程在大理石和花岗岩面层上施工时，必须进行遮盖、支垫，严禁直接在大理石和花岗岩面上动火、焊接、和灰、调漆、支铁梯、搭脚手架等；进行上述工作时，必须采取可靠保护措施。

9.3　塑胶面层施工工艺

1）工艺流程

检验塑胶地板质量 → 试验 → 技术交底 → 准备机具设备 → 基层处理 → 铺贴准备（弹线—试铺和编号—试胶粘贴剂）→ 塑胶地板铺贴（涂胶粘剂—黏铺施工—打蜡上光）→ 检查验收。

2）操作工艺

（1）基层处理

在地面上铺设塑胶地板时，应将地面进行强化硬化处理，素土夯实后做灰土垫层，然后在灰土垫层上做细石混凝土基层，确保地面的强度和刚度，最后做水泥砂浆找平层和防水防潮层。在楼地面上铺设塑胶地板时，为保证楼面的平整度（平整度误差不许超过 0.5 mm），应在钢筋混凝土预制楼板上做混凝土叠合层，在混凝土叠合层上做水泥砂浆找平层，最后做防水防潮层。待防水层干燥后，将其表面清理干净。

（2）弹线

为保证铺贴质量，在已经处理好的基层上进行弹线。有两种形式：① 分别与房间纵横墙面平行的标准十字线；② 分别与同一墙面成 45°且互相垂直交叉的标准十字线。从十字线中心开始,逐条弹出每块(每行)塑胶地板的施工控制线,以及在墙面上弹出标高线。同时,如果地面四周需要镶边,则应弹出楼地面四周的镶边线,镶边宽度应按设计确定。若不需要镶边,则不需要弹此线。

(3)试铺和编号

根据弹出的定位线,将预先选好的塑胶地板按设计规定的组合造型进行试铺,试铺成功后逐一进行编号,以便备用。

(4)试胶粘贴剂

在塑胶地板铺贴前,首先将待粘贴的塑胶地板清理洁净。然后,为了确保胶粘剂与塑胶地板相适应,以保证粘贴质量,进行试胶。试胶时,取几块塑胶地板用拟采用的胶粘剂涂于塑胶地板的背面和基层上,待胶稍干后(以不黏手为准)进行黏铺。4 h后观察塑胶地板有无软化、翘边或黏结不牢等现象,如果无此现象则可认为这种胶粘剂与塑胶地板相容,否则另选胶粘剂。

(5)涂胶粘剂

用锯齿形涂胶板将胶粘剂涂于基层表面和塑胶地板背面,涂胶的面积不得少于总面积的80%。涂胶时应用刮板先横向刮涂一遍,再竖向刮涂一遍,必须刮涂均匀。

(6)黏铺施工

待胶膜表面稍干后,将塑胶地板按试铺编号水平就位,并与定位线对齐,把塑胶地板放平黏铺,用橡胶辊将塑胶地板压平黏牢,同时将气泡赶出,并与相邻各板抄平调直,不许有高度差,对缝应横平竖直。若设计中有镶边者应进行镶边,镶边材料及做法按设计规定进行。

(7)打蜡上光

塑胶地板在铺贴完毕经检查合格后,应将表面残存的胶液及其他污迹清理干净,然后用水蜡或地板蜡进行打蜡上光。

3)质量要求

(1)PVC塑胶面层应保证表面平整、图案清晰、颜色一致、表面无损伤,无空鼓、翘边、黏结不牢、气泡等现象。

(2)确保焊线平整、光滑、无焦化变色、无凹凸等质量缺陷。接缝横平竖直、焊缝无开裂。

(3)及时修整拼接处的翘边情况,保证卷材地板与自流平基层黏结良好,无空鼓现象。

4)成品保护

(1)施工时应注意对定位定高的标准杆、尺、线的保护,不得触动、移位。

(2)对所覆盖的隐蔽工程要有可靠保护措施,不得因铺设塑胶面层造成漏水、堵塞、破坏或降低等级。

（3）PVC塑胶地板施工完成后,应特别注意成品保护。应避免锐器划伤和烟头烫伤地坪表面,严禁将强酸、强碱性溶剂洒在卷材地板上。

（4）应对使用单位进行日常维护保养的说明,保证PVC塑胶地板的使用寿命。

9.4　地毯面层施工工艺

1）工艺流程

检验地毯质量 → 技术交底 → 准备机具设备 → 基底处理 → 弹线套方、分格定位 → 地毯剪裁 → 钉倒刺板条 → 铺衬垫 → 铺地毯 → 细部处理收口 → 检查验收。

2）操作工艺

（1）基层处理

把沾在基层上的浮浆、落地灰等用錾子或钢丝刷清理掉,再用扫帚将浮土清扫干净。混凝土地面要平整,无凹凸不平的现象,凸起部分要用砂轮机磨平,不平整度较严重的情况,如条件允许,用自流平水泥将地面找平为佳。木地板应注意钉头或其他凸起物,以防损坏地毯。

（2）弹线套方、分格定位

严格依照设计图纸对各个房间的铺设尺寸进行度量,检查房间的方正情况,并在地面弹出地毯的铺设基准线和分格定位线。活动地毯应根据地毯的尺寸,在房间内弹出定位网格线。

（3）地毯剪裁

根据放线定位的数据,在专门的室外平台上,用裁边机下料,每段地毯长度应比房间长度大20 mm。宽度要以裁去地毯边缘线后的尺寸计算。

（4）钉倒刺板条

沿房间四周踢脚边缘,将倒刺板条牢固钉在地面基层上,倒刺板条应距踢脚8～10 mm。

（5）铺衬垫

采用倒刺板固定地毯,一般要放泡沫波垫,将波垫采用点黏法黏在地面基层上,要离开倒刺板10 mm左右,防止拉伸地毯时影响倒刺板上的钉尖对地毯底面的勾结。

（6）铺设地毯

先将地毯的一条长边固定在倒刺板上,毛边掩到踢脚板下,用地毯撑子拉伸地毯,直到拉平为止;然后将另一端固定在另一边的倒刺板上,掩好毛边到踢脚板下。一个方向拉伸完,再进行另一个方向的拉伸,直到四个边都固定在倒刺板上。在边长较长的时候,应多人同时操作,拉伸完毕时应确保地毯的图案无扭曲变形。

（7）地毯铺设方法

铺活动地毯时应先在房间中间按照十字线铺设十字控制块,之后按照十字控制块向四周铺设。大面积铺贴时应分段、分部位铺贴。如设计有图案要求时,应按照设计图案弹出准确分格线,并做好标记,防止差错。

（8）地毯接长方式

当地毯需要接长时,应采用缝合或烫带黏结(无衬垫时)的方式,缝合应在铺设前完成,烫带黏结应在铺设的过程中进行,接缝处应与周边无明显差异。

（9）细部收口

地毯与其他地面材料交接处和门口等部位,应用收口条做收口处理。

3）质量要求

（1）地毯面层不应起鼓、起皱、翘边、卷边、显拼缝和露线,无毛边,绒面毛顺光一致,毯面干净,无污染和损伤。

（2）地毯表面应平服,拼缝处缝合粘贴牢固、严密平整、图案吻合。

（3）地毯同其他面层连接处、收口处和墙边、柱子周围应顺直、压紧。

4）成品保护

（1）地毯进场应尽量随进随铺,库存时要防潮、防雨、防踩踏和重压。

（2）铺设时和铺设完毕应及时清理毯头、倒刺板条段、钉子等散落物,严格防止将其铺入毯下。

（3）凡每道工序施工完毕,就应及时清理地毯上的杂物,及时清擦被操作污染的部位。地毯面层完工后应将房间关门上锁,避免受污染破坏。

（4）后续工程在地毯面层上需要上人时,必须戴鞋套或者是专用鞋,严禁在地毯面上进行其他各种施工操作。

9.5　实木地板面层施工工艺

1）工艺流程

检验实木地板质量 → 技术交底 → 准备机具设备 → 基层处理 → 木龙骨制作与处理→ 施工画线 → 地面打孔 → 木龙骨固定找平 → 铺毛地板 → 防潮处理 → 铺实木地板 → 刨平磨光。

2）操作工艺

（1）木龙骨制作与处理

直接固定于地面的木龙骨所用方木，一般用截面尺寸 20 mm×30 mm 或 30 mm×40 mm 白松木方。木龙骨需做防潮、防腐和阻燃处理。龙骨铺设木地板的结构形式如图 9.1。

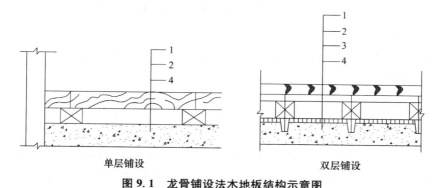

单层铺设　　　　　　　　　　　　双层铺设

图 9.1　龙骨铺设法木地板结构示意图

1—防水层;2—龙骨架;3—基层板或毛地板;4—面层地板

（2）施工画线

按地板排列的要求,在处理好的楼地面上弹出木龙骨分布线、标高线及位置线。间距一般由木地板长度决定,不可大于 400 mm。

（3）地面打孔

用冲击电钻在弹好的地面龙骨分布线上打孔,孔径为 φ6～φ10 mm,孔深 25～30 mm,孔距 400 mm。最后在孔内埋入防腐处理过的木楔。

（4）木龙骨固定找平

通常采用铁钉固定法和射钉固定法。铁钉固定法是指用铁钉将木龙骨固定在地面的木楔内;射钉固定法是将射钉直接穿透木龙骨固定在混凝土楼板或预制楼板上。木龙骨之间的找平是通过拉直线或水平尺进行的,尺与龙骨之间的空隙不大于 3 mm。

（5）铺毛地板

对于双层铺设的木地板根据木龙骨的模数和房间的情况,将毛地板下好料。将毛地板牢固钉在木龙骨上,钉法采用直钉和斜钉混用,直钉钉帽不得突出板面,如图 9.2 所示。毛地板可采用条板,也可采用整张的细木工板或中密度板等类产品。采用整张板时,应在板上开槽,槽的深度为板厚 1/3,方向与格栅垂直,间距 200 mm 左右。其防潮处理是将防潮膜铺设在基层板或毛地板上。

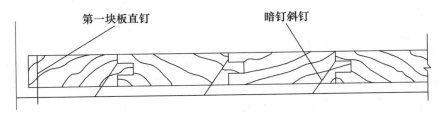

图 9.2　面层地板与龙骨固定示意

（6）铺实木地板

从墙的一边开始铺钉企口实木地板，靠墙的一块板应离开墙面 10 mm 左右，以后逐块排紧。钉法采用斜钉，实木地板面层的接头应按设计要求留置，如图 9.3 所示。

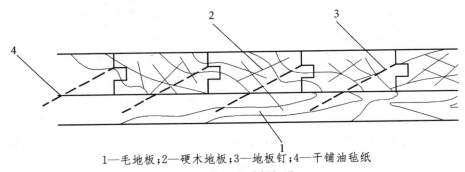

1—毛地板；2—硬木地板；3—地板钉；4—干铺油毡纸

图 9.3　面层地板钉设

（7）铺设顺序

铺实木地板时应从房间内退着往外铺设。

（8）刨平磨光

需要刨平磨光的地板应先粗刨后细刨，使面层完全平整后再用砂带机磨光。

（9）特例

不符合模数的板块，其不足部分在现场根据实际尺寸将板块切割后镶补，并应用胶粘剂加强固定。

（10）其他工艺

需要油漆的实木地板，油漆工艺请参见本书第 6.4 节。

3）质量要求

（1）实木地板面层应刨子磨光，无明显刨痕和毛刺等现象；图案清晰，颜色均匀一致。

（2）面层缝隙应严密；接头位置应符合设计要求、表面洁净。

（3）拼花地板接缝应对齐，黏、钉严密；缝隙宽度均匀一致；表面洁净，胶黏无溢胶。

（4）木格栅安装应牢固、平直。

（5）毛地板铺设应牢固，表面平整。

（6）踢脚线表面应光滑，接缝严密，高度一致。

4）成品保护

（1）施工时应注意对定位定高的标准杆、尺、线的保护，不得触动、移位。

（2）对所覆盖的隐蔽工程要有可靠保护措施，不得因铺设实木地板面层造成漏水、堵塞、破坏或降低等级。

（3）实木地板面层完工后应进行遮盖和拦挡，避免受侵害。

（4）后续工程在实木地板面层上施工时，必须进行遮盖、支垫，严禁直接在实木地板面上动火、焊接、和灰、调漆、支铁梯、搭脚手架等。

（5）铺面层板应在建筑装饰基本完工后开始。

9.6　实木复合地板面层施工工艺

1）工艺流程

检验实木复合地板质量 → 技术交底 → 准备机具设备 → 基层处理 → 木龙骨制作与处理→ 施工画线 → 地面打孔 → 木龙骨固定找平 → 铺毛地板 → 防潮处理 → 铺实木复合地板 → 清理验收。

2）操作工艺

（1）木龙骨制作与处理

直接固定于地面的木龙骨所用方木，一般用截面尺寸 20 mm × 30 mm 或 30 mm × 40 mm 白松木方。木龙骨需做防潮、防腐和阻燃处理。

（2）施工画线

按地板排列的要求，在处理好的楼地面上弹出木龙骨分布线、标高线及位置线。间距一般由木地板长度决定，不可大于 400 mm。

（3）地面打孔

用冲击电钻在弹好的地面龙骨分布线上打孔，孔径为 $\phi6\sim\phi10$ mm，孔深 25～30 mm，孔距 400 mm。最后在孔内埋入防腐处理过的木楔。

（4）木龙骨固定找平

通常采用铁钉固定法和射钉固定法。铁钉固定法是指用铁钉将木龙骨固定在地面的木楔内；射钉固定法是将射钉直接穿透木龙骨固定在混凝土楼板或预制楼板上。木龙骨之间的找平是通过拉直线或水平尺进行的，尺与龙骨之间的空隙不大于 3 mm。

（5）铺毛地板

根据木格栅的模数和房间的情况，将毛地板下好料。将毛地板牢固钉在木格栅上,钉法采用直钉和斜钉混用,直钉钉帽不得突出板面。毛地板可采条板,也可采用整张的细木工板或中密度板等类产品。采用整张板时,应在板上开槽,槽的深度为板厚的1/3,方向与格栅垂直,间距200 mm左右。其防潮处理是将防潮膜铺设在基层板或毛地板上。

(6)铺实木复合地板

从墙的一边开始铺黏企口实木复合地板,靠墙的一块板应离开墙面10 mm左右,以后逐块排紧。黏法采用点涂或整涂,板间企口也应适当涂胶。实木复合地板面层的接头应按设计要求留置。

(7)铺设顺序

铺实木复合地板时应从房间内退着往外铺设。

(8)特例

不符合模数的板块,其不足部分在现场根据实际尺寸将板块切割后镶补,并应用胶粘剂加强固定。

3)质量要求

(1)实木复合地板面层材质图案和颜色应符合设计要求,图案清晰,颜色均匀一致,板面无翘曲。

(2)毛地板铺设应牢固,表面平整。

(3)地板面层铺设应牢固,黏结无空鼓,接头应错开,缝隙严密,表面洁净。

(4)木格栅安装应牢固、平直。

(5)踢脚线表面应光滑,接缝严密,高度一致。

4)成品保护

(1)施工时应注意对定位定高的标准杆、尺、线的保护,不得触动、移位。

(2)对所覆盖的隐蔽工程要有可靠保护措施,不得因铺设实木复合地板面层造成漏水、堵塞、破坏或降低等级。

(3)实木复合地板面层完工后应进行遮盖和拦挡,避免受侵害。

(4)后续工程在实木复合地板面层上施工时,必须进行遮盖、支垫,严禁直接在实木复合地板面上动火、焊接、和灰、调漆、支铁梯、搭脚手架等。

9.7　强化复合地板面层施工工艺

1)工艺流程

检验强化复合地板质量 → 技术交底 → 准备机具设备 → 基底清理 → 弹线 → 防火、防腐处理 → 铺衬垫 → 铺强化复合地板 → 清理验收。

2）操作工艺

（1）基底清理

基层表面应平整、坚硬、干燥、密实、洁净、无油脂及其他杂质，不得有麻面、起砂裂缝等缺陷。条件允许时，用自流平水泥将地面找平为佳。

（2）铺衬垫

将衬垫铺平，用胶粘剂点涂固定在基底上。

（3）铺强化复合地板

从墙的一边开始铺黏企口强化复合地板，靠墙的一块板应离开墙面 10 mm 左右，以后逐块排紧。板间企口应满涂胶，挤紧后溢出的胶要立刻擦净。强化复合地板面层的接头应按设计要求留置。

（4）铺设方法

铺强化复合地板时应从房间内退着往外铺设。

（5）特例

不符合模数的板块，其不足部分在现场根据实际尺寸将板块切割后镶补，并应用胶粘剂加强固定。

3）质量要求

（1）强化复合地板面层图案和颜色应符合设计要求，图案清晰，颜色均匀一致，板面无翘曲。

（2）面层铺设应牢固，接头应错开，缝隙严密，表面洁净。

（3）踢脚线表面应光滑，接缝严密，高度一致。

4）成品保护

（1）施工时应注意对定位定高的标准杆、尺、线的保护，不得触动、移位。

（2）对所覆盖的隐蔽工程要有可靠保护措施，不得因铺设强化复合地板面层造成漏水、堵塞、破坏或降低等级。

（3）强化复合地板面层完工后应进行遮盖和拦挡，避免受侵害。

（4）后续工程在强化复合地板面层上施工时，必须进行遮盖、支垫，严禁直接在强化复合地板面上动火、焊接、和灰、调漆、支铁梯、搭脚手架等。

复习思考题

1. 砖面层施工工艺流程有哪些？

2. 大理石和花岗岩面层施工工艺流程有哪些？

3. 塑料（塑胶）面层施工工艺流程有哪些？

4. 地毯面层施工工艺流程有哪些？

5. 实木地板面层施工工艺流程有哪些?

6. 实木复合地板面层施工工艺流程有哪些?

7. 复合地板面层施工工艺流程有哪些?

8. 大理石和花岗岩面层施工的质量要求有哪些?

9. 实木地板面层施工的质量要求有哪些?

10　细部工程

10.1　橱柜制作与安装施工工艺

1) 工艺流程

配料 → 画线 → 榫槽及拼板施工 → 组装 → 线脚收口。

2) 操作工艺

(1) 配料

配料应根据家具结构与木料的使用方法进行安排,主要分为木方料的选配和胶合板下料布置两个方面。应先配长料和宽料,后配小料;先配长板材,后配短板材,顺序搭配安排。对于木方料的选配,应先测量木方料的长度,然后再按家具的竖框、横档和腿料的长度尺寸要求放长 30~50 mm 截取。木方料的截面尺寸在开料时应按实际尺寸的宽、厚各放大 3~5 mm,以便刨削加工。

对于木方料进行刨削加工时,应首先识别木纹。不论是机械刨削还是手工刨削,均应按顺木纹方向。先刨大面,再刨小面,两个相邻的面刨成 90°角。

(2) 画线

画线前要备好量尺(卷尺和不锈钢尺等)、木工铅笔、角尺等,应认真看懂图纸,清楚理解工艺结构、规格尺寸和数量等技术要求。画线基本操作步骤如下:

① 首先检查加工件的规格、数量,并根据各工件的表面颜色、纹理、节疤等因素确定其正反面,并做好临时标记。

② 在需要对接的端头留出加工余量,用直角尺和木工铅笔画一条基准线。若端头平直,又作为开榫一端,即不画此线。

③ 根据基准线,用量尺量出所需的总长尺寸线或榫肩线。再以总长线和榫肩线为基准,完成其他所需的榫眼线。

④ 可将两根或两块相对应位置的木料拼合在一起进行画线,画好一面后,用直角尺把线引向侧面。

⑤ 所画线条必须准确、清楚。画线之后,应将空格相等的两根或两块木料颠倒并列进行校对,检查画线和空格是否准确相符,如有差别,即说明其中有错,应及

时查对校正。

（3）榫槽及拼板施工

① 榫的种类主要分为木方连接榫和木板连接榫两大类，但其具体形式较多，分别适用于木方和木质板材的不同构件连接。如木方中榫、木方边榫、燕尾榫、扣合榫、大小榫、双头榫等。

② 在室内家具制作中，采用木质板材较多，如台面板、橱面板、搁板、抽屉板等，都需要拼缝结合。常采用的拼缝结合形式有以下几种：高低缝、平缝、拉拼缝、马牙缝。

③ 板式家具的连接方法较多，主要分为固定式结构连接与拆装式结构连接两种。

（4）组装

木家具组装分为部件组装和整体组装。组装前，应将所有的结构件用细刨刨光，然后按顺序逐渐进行装配。装配时，注意构件的部位和正反面。衔接部位需涂胶时，应刷涂均匀并及时擦净挤出的胶液。锤击装拼时，应将锤击部位垫上木板，不可猛击；如有拼合不严处，应查找原因并采取修整或补救措施，不可硬敲硬装就位。各种五金配件的安装位置应定位准确，安装严密，方正牢靠，结合处不得崩搓、歪扭、松动，不得缺件、漏钉和漏装。

（5）面板的安装

如果家具的表面做油漆涂饰，其框架的外封板一般即同时是面板；如果家具的表面是使用装饰细木夹板进行饰面，或是用塑料板做贴面，那么家具框架外封板就是其饰面的基层板。饰面板与基层板之间多是采用胶黏合。饰面板与基层黏合后，需在其侧边使用封边木条、木线、塑料条等材料进行封边收口，其原则是：凡直观的边部，都应封堵严密和美观。

（6）线脚收口

采用木质、塑料或金属线脚（线条）对家具进行装饰并统一室内整体装饰风格的做法，是当前比较广泛的一种装饰方式。其线脚的排布与图案造型形式可以灵活多变，但也不宜过于烦琐。

边缘线脚：装饰于家具、固定配置的台面边缘等部位，作为封边、收口和分界的装饰线条形式，使室内陈设的观面达到完善和完美。同时，通过较好的封边收口，可使板件内部不易受到外界的温度、湿度的较大影响而保持一定的稳定性。常用的材料有实木条、塑料条、铝合金条、薄木单片等。

① 实木封边收口：常用钉胶结合的方法，胶粘剂可用立时得、白乳胶、木胶粉。

② 塑料条封边收口：一般是采用嵌槽加胶的方法进行固定。

③ 铝合金条封边收口：铝合金封口条有 L 型和槽型两种，可用钉或木螺丝直

接固定。

④ 薄木单片和塑料带封边收口：先用砂纸打磨除封边处的木渣、胶迹等并清理干净，在封口边刷一道稀甲醛作为填缝封闭层，然后在封边薄木片或塑料带上涂万能胶，对齐封边贴放。用干净抹布擦净胶迹后再用熨斗烫压，固化后切除毛边和多余处即可。对于薄木封边条，也有的直接用白乳胶粘贴；对于硬质封边木片也可采用镶装或加胶加钉安装的方法。

3）质量要求

（1）橱柜制作与安装所用材料的材质和规格、木材的阻燃性能和含水率、花岗石的放射性及人造木板的甲醛含量应符合设计要求及国家现行标准的有关规定。

（2）橱柜安装预埋件或后置埋件的数量、规格、位置应符合设计要求。

（3）橱柜的造型、尺寸、安装位置、制作和固定方法应符合设计要求。配件应齐全，安装应牢固。

（4）橱柜的抽屉和柜门应开关灵活、回位正确。

（5）橱柜表面应平整、洁净、色泽一致，不得有裂纹、翘曲及损坏。

（6）橱柜裁口应顺直，拼缝应严密。

4）成品保护及其他注意事项

（1）有其他工种作业时，要适当加以掩盖，防止与饰面板碰撞。

（2）不能将水、油污等浸湿饰面板。

（3）各种电动工具使用前要进行检修，严禁非电工接电。

（4）施工现场内严禁吸烟，明火作业要有动火证，并设置看火人员。

（5）对各种木方、夹板饰面板分类堆放整齐，保持施工现场整洁。

10.2　窗帘盒制作与安装施工工艺

1）工艺流程

（1）明窗帘盒的制作流程

下料 → 刨光 → 制作卯榫 → 装配 → 修正砂光。

（2）暗窗帘盒的安装流程

定位 → 固定角铁 → 固定窗帘盒。

2）操作工艺

（1）明窗帘盒的制作

① 下料。按图纸要求截下的毛料要比要求规格长 30～50 mm，厚度、宽度要

分别大于 3～5 mm。

② 刨光。刨光时要顺木纹操作,先刨削出相邻两个基准面,并做上符号标记,再按规定尺寸加工完成另外两个基础面,要求光洁、无戗槎。

③ 制作卯榫。最佳结构方式是采用 45°全暗燕尾卯榫,也可采用 45°斜角钉胶结合,但钉帽一定要砸扁后打入木内。上盖面可加工后直接涂胶钉入下框体。

④ 装配。用直角尺测准暗转角度后把结构敲紧打严,注意各转角处不要露缝。

⑤ 修正砂光。结构固定后可修正砂光。用 0 号砂纸打磨掉毛刺、棱角、立槎,注意不可逆木纹方向砂光,要顺木纹方向砂光。

（2）暗窗帘盒的安装

暗装形式的窗帘盒,主要特点是与吊顶部分结合在一起,常见的有内藏式和外接式。

① 内藏式窗帘盒主要形式是在窗顶部位的吊顶处做出一条凹槽,在槽内装好窗帘轨。作为含在吊顶内的窗帘盒,与吊顶施工一起做好。

② 外接式窗帘盒是在吊顶平面上,做出一条贯通墙面长度的遮挡板,在遮挡板内吊顶平面上装好窗帘轨。遮挡板可采用木构架双包镶,并把底边做封板边处理。遮挡板与顶棚交接线要用棚角线压住。遮挡板的固定法可采用射钉固定,也可采用预埋木楔、圆钉固定,或膨胀螺栓固定。

③ 窗帘轨安装:窗帘轨道有单、双或三轨道之分。暗窗帘盒在安装轨道时,轨道应保持在一条直线上。轨道形式有工字形、槽形和圆杆形三种。

工字形窗帘轨是用与其配套的固定爪来安装,安装时先将固定爪套入工字形窗帘轨上,每米窗帘轨道有三个固定爪安装在墙面上或窗帘盒的木结构上。

槽形窗帘轨的安装,可用 φ5.5 的钻头在槽形轨的底面打出小孔,再用螺丝穿过小孔,将槽形轨固定在窗帘盒内的顶面上。

3）质量要求

（1）窗帘盒制作与安装所使用材料的材质和规格、木材的阻燃性能等级和含水率、人造木板的甲醛含量应符合设计要求及国家现行标准的有关规定。

（2）窗帘盒的造型、规格、尺寸、安装位置和固定方法必须符合设计要求。窗帘盒的安装必须牢固。

（3）窗帘盒配件的品种、规格应符合设计要求,安装应牢固。

（4）窗帘盒表面应平整、洁净、线条顺直、接缝严密、纹理一致,不得有裂缝、翘曲及损坏。

（5）窗帘盒与墙面、窗框的衔接应严密,密封胶应顺直、光滑。

4）成品保护

（1）安装窗帘盒后，应进行饰面的装饰施工，应对安装后的窗帘盒进行保护，防止污染和损坏。

（2）安装窗帘及轨道时，应注意对窗帘盒的保护，避免窗帘盒碰伤、划伤等。

10.3　窗台板制作与安装施工工艺

1）工艺流程

窗台板的制作 → 砌入防火木 → 窗台板刨光 → 拉线找平、找齐 → 钉牢。

2）操作工艺

（1）窗台板的制作

按图纸要求加工的木窗台表面应光洁，其净料尺寸厚度在 20～30 mm，比待安装的窗长 240 mm，板宽视窗口深度而定，一般要突出窗口 60～80 mm，台板外沿要倒棱或起线。台板宽度大于 150 mm，需要拼接时，背面必须穿暗带防止翘曲，窗台板背面要开卸力槽。

（2）窗台板的安装

① 在窗台墙上，预先砌入防腐木砖，木砖间距 500 mm 左右，每樘窗不少于两块，在窗框的下坎裁口或打槽（深 12 mm，宽 10 mm）。将窗台板刨光起线后，放在窗台墙顶上居中，里边嵌入下坎槽内。窗台板的长度一般比窗樘宽度长 120 mm 左右，两端伸出的长度应一致。在同一房间内同标高的窗台板应拉线找平、找齐，使其标高一致，突出墙面尺寸一致。应注意，窗台板上表面向室内略有倾斜（泛水），坡度约 1%。

② 如果窗台板的宽度大于 150 mm，拼接时，背面应穿暗带，防止翘曲。

③ 用明钉把窗台板与木砖钉牢，钉帽砸扁，顺木纹冲入板的表面，在窗台板的下面与墙交角处，要钉窗台线（三角压条）。窗台线预先刨光，按窗台长度两端刨成弧形线脚，用明钉与窗台板斜向钉牢，钉帽砸扁，冲入板内。

3）质量标准

（1）窗台板制作与安装所使用材料的材质和规格、木材的燃烧性能等级和含水率、人造板的甲醛含量应符合设计要求及国家现行标准的有关规定。

（2）窗台板的造型、规格、尺寸、安装位置和固定方法必须符合设计要求。窗台板的安装必须牢固。

（3）窗台板配件的品种、规格应符合设计要求，安装应牢固。

（4）窗台板表面应平整、洁净、线条顺直、接缝严密、色泽一致，不得有裂缝、翘曲及损坏。

（5）窗台板与墙面、窗框的衔接应严密，密封胶应顺直、光滑。

4）成品保护

（1）安装窗台板后，应进行饰面的装饰施工，应对安装后的窗台板进行保护，防止污染和损坏。

（2）窗台板的安装应在窗帘盒安装完毕后再进行。

10.4 门窗套制作与安装施工工艺

1）工艺流程

检查门窗洞口及预埋件 → 制作及安装木龙骨 → 装、钉面板。

2）操作工艺

（1）制作木龙骨

① 根据门窗洞口实际尺寸，先用木方制成木龙骨架。一般骨架分三片，两侧各一片。每片两根立杆，当筒子板宽度大于 500 mm 需要拼缝时，中间适当增加立杆。

② 横撑间距根据筒子板厚度决定。当面板厚度为 10 mm 时，横撑间距不大于 400 mm；板厚为 5 mm 时，横撑间距不大于 300 mm。横撑间距必须与预埋件间距位置对应。

③ 木龙骨架直接用圆钉钉成，并将朝外的一面刨光。其他三面涂刷防火剂与防腐剂。

（2）安装木龙骨

首先在墙面做防潮层，可干铺油毡一层，也可涂沥青。然后安装上端龙骨，找出水平。不平时用木楔垫实打牢。再安装两侧龙骨架，找出垂直并垫实打牢。

（3）装、钉面板

① 面板应挑选木纹和颜色相近的在同一洞口、同一房间。

② 裁板时要大于木龙骨架实际尺寸，大面净光，小面刮直，木纹根部朝下。

③ 长度方向需要对接时，木纹应通顺，其接头位置应避开视线范围。

④ 一般窗筒子板拼缝应在室内地坪 2 m 以上；门洞筒子板拼缝离地面 1.2 m 以下。同时接头位置必须留在横撑上。

⑤ 当采用厚木板时，板背面应做卸力槽，以免板面弯曲。卸力槽一般间距为 100 mm，槽宽 10 mm，深度 5～8 mm。

⑥ 板面与木龙骨间要涂胶。固定板面所用钉子的长度为面板厚度的 3 倍,间距一般为 100 mm,钉帽砸扁后冲进木材面层 1~2 mm。

⑦ 筒子板里侧要装进门、窗框预先做好的凹槽里。外侧要与墙面齐平,割角要严密方正。

3）质量要求

（1）门窗套制作与安装所使用材料的材质、规格、纹理和颜色、木材的阻燃性能等级和含水率、人造木板的甲醛含量应符合设计要求及国家现行标准的有关规定。

（2）门窗套的造型、尺寸和固定方法应符合设计要求,安装应牢固。

（3）门窗套表面应平整、洁净、线条顺直、接缝严密、色泽一致,不得有裂缝、翘曲及损坏。

4）成品保护

（1）有其他工种作业时,要适当加以掩盖,防止对饰面板污染或碰撞。

（2）不能将水、油污等溅湿饰面板。

（3）各种电动工具使用前要进行检修,严禁非电工接电。

（4）施工现场内严禁吸烟,明火作业要有动火证,并设置看火人员。

（5）对各种木方、夹板饰面板分类堆放整齐,保持施工现场整洁。

复习思考题

1. 橱柜制作与安装施工工艺流程有哪些？

2. 窗帘盒制作与安装施工工艺流程有哪些？

3. 窗台板制作与安装施工工艺流程有哪些？

4. 门窗套制作与安装施工工艺流程有哪些？

5. 橱柜制作与安装施工质量要求有哪些？

6. 门窗套制作与安装施工质量要求有哪些？

第三部分

组织管理

11 室内装饰工程施工组织设计

11.1 编制的内容与依据

1）施工组织设计的内容

室内装饰工程施工组织设计应根据工程特点、施工地区的条件、甲方要求编制出切实可行的工程施工组织设计，其内容主要包括以下几个方面：

（1）工程概况及施工条件

工程概况和施工条件包括工程的性质、规模、建筑结构及装饰的特征，有无特殊要求，施工现场供水供电及运输条件，材料、构件及半成品的供应条件，甲方对装饰施工期限的要求，以及施工单位自身所具备的条件等。

为此，在编制施工组织设计前，首先应对工程进行认真分析、仔细研究。弄清工程的内容及工程在质量、技术、材料等各方面的要求，熟悉施工图纸、环境和条件，掌握在施工过程中应该遵守的各种规范及规程，使工程在规定的工期内保质保量地完成。

（2）施工方案

施工方案是经过全盘考虑后做出的施工布置计划。因此，选择正确的施工方案是施工组织设计的关键。

施工方案一般包括对所装饰工程的检验和处理方法、主要施工方法和施工机具的选择、施工程序和顺序的确定等内容。特别是二次改造工程，在进行装修前，一定要对基层进行全面检查，原有的基层必须铲除干净，同时对需要拆除的结构和构件的部位和数量、拆除物的处理方法等均应做出明确规定。由于装修工程的工艺比较复杂，施工难度也比较大，因此在施工前必须明确主要施工项目的装修施工方法，在确定现场的垂直运输和水平运输的同时，应确定所需的施工机具，此外还应该绘出安装图、排料图及定位图等。

（3）施工方法

施工方法必须严格遵守各种施工规范和操作规程。施工方法的选择必须是建立在保证工程质量及安全施工的前提下，根据各分部分项工程的特点，具体确定施工方法，特别是墙柱面、天棚、楼地面工程的施工方法，首先应做出样板间进行实样交底。

（4）施工进度计划

施工进度计划应根据工程量的大小、工程技术的特点、工期的要求、施工方案和施工方法的确定，预计可能投入的劳动力及施工机械数量、材料、成品或半成品的供应情况，以及协作单位配合施工的能力等诸多因素，进行综合安排。再根据下列步骤编制施工进度计划：

① 确定施工顺序。按照室内装饰工程的特点和施工条件等，处理好各分项工程间的施工顺序。

② 划分施工过程。施工过程应根据工艺流程、所选择的施工方法以及劳动力来进行划分，通常要求按照施工的工作过程进行划分。对于工程量大、相对工期长、用工多等主要工序，均不可漏项。其余次要工序可并入主要工序。对于影响下道工序施工和穿插配合施工较复杂的项一定要细分、不漏项。所划分的项目应与室内装饰工程的预算项目一致，以便以后决算。

③ 划分施工段。施工段要根据工程的结构特点、工程量，以及所能投入的劳动力、机械、材料等情况来划分，以确保各专业工作队能沿着一定顺序，在各施工段上依次并连续地完成各自的任务，使施工有节奏地进行，从而达到均衡施工、缩短工期、合理利用各种资源的目的。

④ 计算工程量。工程量是组织建筑装饰工程施工，确定各种资源的数量供应，以及编制施工进度计划，进行工程核算的主要依据之一。工程量的计算应根据图纸设计要求以及有关计算规定来进行。

⑤ 机械台班及劳动力。机械台班的数量和劳动力资源的多少，应根据所选择的施工方案、施工方法、工程量大小及工期等要求来确定。要求既能在规定的工期内完成任务，又不能产生窝工现象。

⑥ 确定各分项工程或工序的作业时间。要根据各分项工程的工艺要求、工程量大小、劳动力设备资源、总工期等要求，确定分项工程或工序的作业时间。

（5）施工准备工作

施工准备工作，是指开工前及施工过程中的准备工作，主要包括技术准备、现场准备以及劳动力、施工工具和材料物资的准备。其中，技术准备主要包括熟悉与会审图纸，编审施工组织设计，编审施工图预算，以及准备其他有关资料等；现场准备主要包括结构状况、基底状况的检查和处理，有关生产和生活、临时设施的搭设，以及水、电管网线的布置等。

（6）施工平面图

施工平面图主要表示单位工程所需各种材料、构件、机具的堆放，以及临时生产、生活设施和供水、供电设施等合理布置的位置。对于局部装修项目或改建项目，由于现场能够利用的场地很少，各种设施都无法布置在现场，所以一定要安排好材料供应运输计划及堆放位置、道路走向等。

（7）主要技术组织措施

主要技术组织措施，包括工程质量、安全指标以及降低成本、节约材料等措施。

（8）主要技术经济指标

主要技术经济指标是对确定的施工方案及施工部署的技术经济效益进行全面的评价，用以衡量组织施工的水平。一般用施工工期、劳动生产率、质量、成本、安全、节约材料等指标表示。

（9）质量、安全、进度和节约的技术组织保证措施

对确定的施工方案、施工部署、施工质量、施工安全、施工进度计划、施工管理等进行全面的评价，用以衡量施工管理的水平。

2）施工组织设计的构成

（1）封面

封面包括装饰工程施工组织设计、编制单位、编制时间。

（2）工程简介与关键词

工程简介主要包含的内容有装饰工程主要施工项目、工程关键任务、工程质量保证。关键词一般包括装饰工程、施工组织设计、装饰装修、施工方案。

（3）编制说明

① 编制依据主要有工程合同，施工图纸，国家或地区装饰工程施工验收规范、技术规程及标准，以及施工现场的实际情况。

② 施工中应严格遵循有关规范、规程、规定执行，将国家或地区装饰工程施工验收规范、技术规程及标准的名称逐条写清楚。

（4）工程概况

工程概况包括建设单位，工程名称，工程性质用途，计划开竣工日期，监理单位，设计单位，施工单位，建筑面积，工程造价，结构形式，地理位置。

（5）施工准备

施工采用的标准、规范；施工组织机构及管理投入；主要实物工程量；图纸会审和技术交底；现场勘测；各专业之间的配合关系。

（6）现场管理措施。

标准化工作；表格化管理；现场质量施工管理体系；成本控制管理；安全文明管理体系；施工进度控制措施。

（7）主要分部工程的施工方案和技术措施

各部位或主要分部分项工程的施工方案及措施，包括工艺流程、施工方案、保证施工质量及措施、施工质量要求等工程的质量管理与控制。

（8）竣工验收资料。

施工组织设计及方案；施工工程各项技术交底；重点工程拟定的技术质量标准、规程规范；施工中采用的新技术、试验实施资料；设计变更文字记录；分项、分部检验记录；隐蔽工程验收记录；竣工验收记录。

3）施工组织设计编制依据

（1）主管部门的有关批文及要求

主管部门的有关批文及要求主要是指上级主管部门对该工程的批示，装饰单位对工程质量、工期等的要求，以及施工合同的有关规定等。

（2）经过会审的施工图

经过会审的施工图主要是指该工程经过会审以后的全部施工图纸、图纸会审记录、设计单位变更或补充设计的通知以及有关标准图集等。

（3）施工时间计划

施工时间计划主要是指工程的开、竣工日期的规定，以及其他穿插项目施工的要求等。

（4）工程预算文件及有关定额

工程预算文件及有关定额，主要指详细的分部分项工程量，预算定额和施工定额等。

（5）建筑基体及环境和气象资料

（6）水电供应条件

包括水源、电源、供应量和水压、电压以及是否需要单独设置相应设备。

（7）劳动力的调配、主要工种的配备、特殊工种的配备及主要施工机械的配备情况等

（8）有关规范及操作规程

施工验收规范、质量验评标准以及技术、安全操作规程等要求。

11.2　施工方案的选择

室内装饰工程施工方案选择的合理与否，是整个装饰工程施工组织设计成败的关键。室内装饰工程施工方案的选择主要包括施工方法和施工机械的选择、施工段的划分、施工开展的顺序以及流水施工的组织安排等。要选择合理的室内装饰工程施工方案，就必须熟悉室内装饰工程施工图纸，明确工程特点和施工任务的要求，充分研究施工条件，正确进行技术经济比较。而且，选择的室内装饰工程施工方案的合理与否，还直接关系到工程的成本、工期和工程质量。

1）熟悉施工图纸，确定施工程序

熟悉室内装饰工程施工图纸是掌握室内装饰工程设计意图、明确建筑装饰工程施工内容、弄清室内装饰工程特点的主要环节。注意以下几个方面的内容：

（1）核对图纸说明是否完整，规定是否明确、有无矛盾。

（2）核对图中尺寸、标高有无错误，与施工现场是否相符。

（3）检查设计是否满足施工条件，有无特殊施工方法和特定技术措施要求。

（4）弄清设计对材料有无特殊要求，对设计规定材料的品种、规格及数量，施工中能否满足。

（5）弄清设计是否符合生产工艺和使用要求。

（6）明确场外制备工程项目。

（7）确定与单位工程施工有关的准备工作项目。

施工单位的有关人员在充分熟悉图纸的基础上由单位技术负责人主持召集由建设、设计、施工、监理等单位有关人员参加的"图纸会审"会议。由设计人员向施工单位作技术交底，讲清设计意图和对施工的主要要求；施工人员则对施工图纸以及与该工程施工有关的问题提出咨询，对施工人员提出的咨询，各方应认真研究、充分讨论，逐一做出解释并做好详细记录。对图纸会审提出的问题或合理化建议，如需变更或补充设计时，应及时办理设计变更手续。未征得设计单位同意，施工单位不得随意更改图纸。

室内装饰工程施工程序即施工流向，一般要求结合室内装饰工程的特征、施工条件及装饰要求来确定。在确定时，应考虑以下几个因素：

（1）生产工艺或使用要求。这是确定室内装饰工程施工程序的最基本的因素，在一般情况下，生产上影响其他工段投产或生产使用上要求急的工段或部位，应优先安排施工。

（2）施工的繁简程度。通常将施工进度较慢、工期相对较长、技术较复杂的工段或部位先施工。

（3）施工组织的分层分段。施工层、施工段的划分部位也是确定施工程序应考虑的因素。

（4）分部工程或施工阶段的特点。对内墙装饰则可采用自上而下、自下而上或者自中而下再自上而中的三种施工程序。

2）计算工程量，确定施工过程的先后顺序

（1）确定施工过程名称

任何一个室内装饰工程都是由许多施工过程所组成的，每一个施工过程只能完成整个装饰工程的某一部分。因此，在编制施工进度计划时。需要对所有的施工过程进行合理安排。对于劳动量大的施工过程要分别列出,对于劳动量很小并且又不重要的施工过程,可以合并起来作为一个施工过程。

在确定施工过程名称时,应注意以下几个问题:

① 施工过程的划分。分项越细项目就越多,整个施工就失去了主次,分项越粗项目就越少,则就失去了划分施工段的意义。因此,划分要主次分明、全面统筹。

② 施工过程的划分要结合具体的施工方法及施工工艺。

③ 凡是在同一时期内由同一工程队进行的施工过程可以合并在一起。

（2）工程量的计算

在划分施工段、编制施工进度计划时,要根据施工图和装饰工程预算工程量的计算规则进行工程量计算。在没有施工图时,可以根据设计和预算文件中列出的主要工程的工程量计算。在计算工程量时要注意以下几个问题:

① 工程量的计算必须结合施工方法和安全技术的要求。

② 工程量的计算单位应和定额的计算单位相符合。

③ 为了便于计算和复核,工程量的计算应按一定的顺序和格式进行。

（3）确定施工过程的先后顺序

施工过程先后顺序的确定,主要与下列因素有关:

① 施工工艺。

② 施工方法和施工机械。

③ 施工组织的要求。

④ 施工质量要求。

⑤ 气候条件。

⑥ 安全技术要求。

（4）室内装饰工程的施工顺序

室内装饰工程一般工序较多、劳动量大、工期较长,应妥善安排其施工顺序。一般有以下几种情况:

① 抹灰、饰面、吊顶和隔断工程一般应待隔墙、门窗框、暗装管道、电线管、预埋件、预制板嵌缝等完工后进行。

② 门窗及其玻璃工程根据气候及抹灰的要求,可在湿作业之前完成。但铝合金、塑料涂色镀锌钢板门及玻璃工程宜在湿作业之后完成,否则应对成品进行保护。

③ 有抹灰基层的饰面板工程、吊顶工程及轻型花饰安装工程,应在抹灰工程完成后进行。

④ 涂料、刷浆工程及吊顶、隔断饰面板的安装应在塑料地板、地毯、硬质纤维板等地面的面层和明装电线施工前,以及管道设备试压后进行;木地板面层的最后一道涂料应待裱糊工程完工后进行。

⑤ 裱糊工程应待天棚、墙面、门窗及建筑设备的涂料及刷浆工程完工后进行。

（5）顶棚、墙面与地面施工的先后顺序

① 先地面、后墙面及天棚。应对已完地面保护，虽然在措施上多费人工，但能减少大量清理工作，并易保证地面质量。

② 先天棚、墙面后地面。采用这种方法落地灰不宜清理干净，地面灰层易空鼓、裂缝，并且在施工地面时，墙面易遭玷污或损坏。

总之，装饰施工先后顺序应考虑在合理的施工工艺顺序前提下，组织安排各施工工序的先后、平行、搭接，并应考虑在不被后序工序损坏和玷污的条件下进行，以确保工程质量及安全施工。

3）选择施工方法和施工机械

施工方法和施工机械的选择是紧密联系在一起的。在技术上它们是解决各主要施工过程的施工手段和工艺水平问题。从施工组织的角度来考虑应注意以下几点：

（1）施工方法的技术先进性和经济合理性的统一。

（2）施工机械的适用性与多样性的兼顾，尽可能地充分发挥施工机械的效率和利用程度。

（3）施工单位的技术特点和施工习惯以及现有机械的利用情况。

选择好施工方法和施工机械以后，还应确定施工过程的劳动量和机械数量。

施工过程的劳动量和机械台班数量的计算应根据现行的施工定额及工程量清单，并结合当时当地的具体情况加以确定。

编制施工进度计划常常会遇到工作班制的问题，采用二班或三班工作制，能够保证施工机械得到更充分的利用，可以大大加快施工速度。但采用二班或三班工作制，也会引起技术监督、工人福利以及施工地点照明等方面费用的增加和对安全方面的要求较高。因此，只要有可能，尽量避免采用二班或三班工作制。

如果因工期等方面的原因要求采用二班工作制，也应该尽量把准备工作和辅助工作安排在第二班内，以便主要的施工过程在第二天一上班就能够顺利进行。但对于一些大型的施工机械，为充分发挥其效能，才有必要采用二班制施工。三班制施工应尽量避免、因为在这种情况下。施工机械的检查与维修无法进行，不能保证机械一直处于完好状态。对于某些施工过程，如工艺要求施工必须连续不断，当然只能采用二班制或三班制工作。有时某些主要施工过程由于工作面的限制，操作工人的人数不能太多，如果采用一班制施工，则施工速度太慢而影响后续施工过程的开展，这时也不得不采用二班工作制。在这种情况下，通常可以只组织一个专业工作队，而将这个工作队划分为两个组；一个组在第一班工作，另一个组在第二班工作。这时,在施工进度计划的进度线上要将不同班次的工作反映出来。

在各个施工过程的劳动量、机械台班量以及每天的工作班数都已经确定之后,就可以开始计算施工的持续天数、施工机械的需要量以及每天的工人人数。

对于手工操作完成的施工过程,可以先根据工作面所能容纳的工人人数,并参照现有的劳动组织来确定每天的工人人数。然后据此求得工作的持续时间。当然,也可以先确定工作的持续时间,然后算出每天的工人人数,最后再检查每天的工人人数是否超过工作面可能容纳的工人人数。当工作的持续时间太长或太短时,可以通过增加或减少工人人数来调整工作的持续时间。

对于机械施工过程来说,可以先假定主导机械的台数,然后再求出工作的持续天数。如果工作的持续天数同所要求的工期相比太长或太短,则可以增加或减少机械的台数,从而调整工作的持续时间。但是,应当注意机械的台数不单单是取决于机械台班的生产能力,而往往受到所装饰的建筑平面轮廓形状的影响。主导施工机械的台数确定以后,还要确定辅助机械的台数,以保证主导机械与辅助机械生产能力相互适应。各种机械台数分别乘以每台机械所必须配备的工人人数就得到机械施工过程的劳动需要量。

11.3　施工进度计划

单位室内装饰工程施工进度计划是在确定的室内装饰工程施工方案和施工方法的基础上,根据规定工期和技术物资的供应条件,遵守各施工过程合理的工艺顺序,统筹安排各项施工活动进行编制。它的任务是为各施工过程指明一个确定的施工日期,即时间计划并以此为依据确定施工作业所必需的劳动力和各种技术物资的供应计划。

1)编制依据与程序

(1)编制依据

单位工程施工进度计划的编制依据主要包括设计图纸、施工组织总体设计对工程的要求及施工总进度计划、工程开工和竣工时间的要求、施工方案与施工方法、劳动定额及机械台班定额等有关施工定额以及施工条件(如劳动力、机械、材料等)。

(2)编制程序

单位工程施工进度计划的编制程序。

① 收集编制依据。

② 划分工作项目。

③ 确定装饰施工顺序。

④ 工程量的计算。

⑤ 计算劳动量和机械台班数。

⑥ 确定工作项目的持续时间。

⑦ 绘制装饰施工进度计划图。

⑧ 装饰施工进度计划检查与调整。

⑨ 编制正式装饰施工进度计划。

2）施工进度计划表的表示方法

绘制装饰施工进度计划表，首先应选择施工进度计划的表达形式。目前，表达工程进度计划的常用方法有横道图和网络图两种形式。横道图比较简单，而且非常直观。它用线条形象地表现了各工作项目之间的持续时间及开始和完成时间，并综合地反映了各工作项目之间的关系。多年来，人们已习惯于采用横道图来表达装饰施工进度计划，并以此作为控制工程进度的主要依据。

但是，采用横道图控制工程进度具有一定的局限性。当单位工程项目中包含的工作项目较多且其相互间的关系比较复杂时，横道图就难以充分暴露矛盾。尤其在计划的执行过程中，当某工作项目进度由于某种原因提前或拖后时，将对其他工作项目及总工期产生多大的影响就难以进行分析，因而也就不利于进度控制人员抓住主要矛盾指挥工程施工。横道图表现形式如表 11.1。

表 11.1　施工进度计划表

序号	分部分项工程名称	工程量		定额	劳动量		所需机械		每天工作班次	每班工人数	工作日数	施工进度计划（天）									
		单位	名称		工种	工日数量	机械名称	机械台数				月									
												5	10	15	20	25	30	35	40	45	50

用网络图的形式表达单位工程施工进度计划，能够弥补横道图的不足。它能充分揭示工程项目中各工作项目之间的相互制约和相互依赖关系，并能明确地反映出进度计划中的主要矛盾。由于其可以利用电子计算机进行计算、优化和调整，不仅减轻了进度控制人员的工作量，而且使工程进度计划更加科学；同时，由于能够利用电子计算机编制和调整计划，也使得进度计划的编制和调整更能满足进度控制及时、准确的要求。其表现形式有双代号和单代号两种形式，如图 11.1、图 11.2。

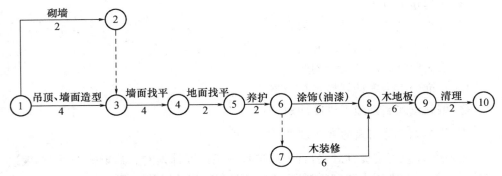

图 11.1　某室内装饰工程双代号网络图

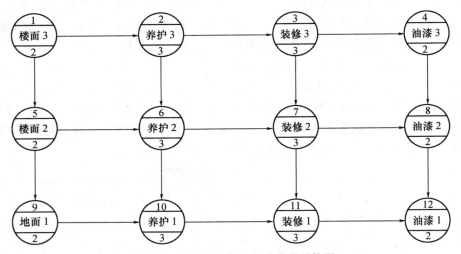

图 11.2　某室内装饰工程单代号网络图

3）时间计划

用横道图表达单位工程施工进度计划有以下两种设计方法：

（1）按工艺组合组织流水施工的设计方法

为了简化设计工作，可将某些在工艺上和组织上有紧密联系的施工过程合并成为一个工艺组合。一个工艺组合内的几个施工过程在时间上、空间上能够最大限度地搭接起来。不同的工艺组合通常不能平行地进行施工，必须等一个工艺组合中的大部分施工过程或全部施工过程完成之后，另一个工艺组合才能开始。在划分工艺组合时，必须注意使每一个工艺组合能够交给一个混合工作队完成。例如，门窗安装、油漆、安装玻璃等，可以合并为一个门窗工程的工艺组合。

工艺组合按照对整个工期的影响大小可以分为两种。第一种是对整个单位工程的工期虽然有一定的影响,但不起决定性作用的工艺组合,能够和主要工艺组合彼此平行或在很大程度上可以搭接进行的工艺组合,叫作"搭接工艺组合"。第二种是对整个单位工程的工期起决定性作用的基本上不能互相搭接进行的工艺组合,叫作"主要工艺组合"。

在工艺组合确定之后,首先从每一个工艺组合中找出一个主导施工的过程;其次,确定主导施工过程的施工段数及其持续时间;然后尽可能地使工艺组合中其余的施工过程都采取相同的施工段、施工分界和持续时间,以便简化计算工作;最后按节奏流水或非节奏流水的计算方法,求出工艺组合的持续时间。所有的工艺组合都可以按照上述同样的步骤进行计算。为了计算方便,对于各个工艺组合的施工段数、施工段的分界和持续时间,在可能的条件下,也应力求一致。

将主要工艺组合的持续时间相加,就得到整个单位工程的施工工期。如果计算出的工期超过规定的工期,则可以改变一个或若干个工艺组合的流水参数,把工期适当地缩短;如果工期小于规定的工期,同样,也应改变一个或若干个工艺组合的流水参数,把工期适当延长。

所以,当施工进度计划采用流水施工的设计方法时,不必等进度线画出,就能看出工期是否符合规定。

同样,这种设计方法可以保证在进度线画出之前初步确定不同施工阶段的劳动力均衡程度。如果劳动力过分不均衡,可以采用改变工艺组合流水参数的办法加以调整。

当工期、劳动力均衡程度和机械负荷等都完全符合要求之后,就可以绘制施工进度计划。

从上可知,这种设计方法是将许多施工过程的搭接问题变成少数几个工艺组合的搭接问题,因而可以大大简化施工进度计划的设计工作。

(2)根据施工经验直接安排、检查调整的方法

首先,根据各施工过程的施工顺序和已经确定的各个施工过程的持续时间,直接在施工进度计划图表的右边部分画出所有施工过程的进度线,使各主要施工过程能够分别进行流水作业。然后,根据列出的进度表,对工期、劳动力的均衡程度、机械负荷等情况进行检查。如果遇到工期不能满足要求、劳动力有窝工或赶工以及机械没有得到充分利用等情况,则各个施工过程的进度应适当加以调整,调整以后再检查,这样反复进行,直到上述各项条件都能够得到满足为止。

4)资源计划

单位工程施工进度计划确定之后,可以根据单位工程施工进度计划来编制各主要工种劳动力需要量的计划以及施工机械、机具、主要装饰材料、构配件等的需要量计划,以利于及时组织劳动力和技术物资的供应,保证施工进度计划的顺利进行。

（1）主要劳动力需用量计划

主要劳动力需用量计划,就是将各施工过程所需要的主要工种的劳动力,根据施工进度计划的安排进行叠加,编制出主要工种劳动力需要量的计划,见表11.2。它的作用是为施工现场劳动力的调整提供依据。

表 11.2　劳动力需要量计划表

序　　号	工作名称	总劳动量（工日）	每月需要量（工日）					
			1	2	3	4	···	12

（2）施工机械需用量计划

根据施工进度和施工方案确定施工机械的类型、数量及进退场时间。施工机械的需要量计划一般是将单位工程施工进度表中的每一个施工过程、每天所需用的机械类型、数量和施工日期进行汇总,见表11.3。

表 11.3　施工机械需要量计划表

序　　号	机械名称	机械类型（规格）	需要量		来　源	使用起讫时间	备　注
			单位	数量			

（3）主要材料及构配件需要量计划

材料需要量计划的编制方法,是将施工预算中或进度表中各施工过程的工程量,按照材料的名称、规格、使用时间并考虑到各种材料消耗定额进行计算汇总即为每天（或旬、月）所需的材料数量。材料需要量计划,主要是为组织备料、确定仓库、堆场面积、组织运输之用。材料需要量计划格式见表11.4。

表 11.4　主要材料需要量计划表

序　　号	材料名称	规　格	需要量		供应时间	备　注
			单位	重量		

对于一些构配件及其他加工品的需要量计划,同样可按编制主要材料需要量计划的方法进行编制,见表11.5。它是同加工单位签订供应协议或合同、确定堆场面积、组织运输工作的依据。

表 11.5　构配件需要量计划表

序 号	品 名	规 格	图 号	需要量		使用部位	加工单位	供应日期	备 注
				单位	数量				

11.4　施工平面图

施工平面图是施工方案在现场空间布置上的体现,它反映了拟建工程和已建工程之间,以及各种临时建筑设施、水电管网、场内道路相互之间的空间关系,如施工现场布置井井有条,就会为现场组织文明施工创造条件;反之,如施工平面布置不好,就会造成现场杂乱无章,对施工进度、质量、安全等方面都会造成不良后果。因此,对于具有一定规模的建筑工程,一般都需编制施工平面布置图,使施工方便、有序。对于建筑装饰工程,当为新建工程时,可在土建施工平面图的基础上,经适当变化即可(如可利用土建的运输机械、道路、水电管网、临时设施等);对于改造工程或局部装修工程,由于可以用的空间较小,应据具体情况,安排好材料运输计划、道路走向等。一般用 1∶100～1∶500 的比例。

1) 施工平面图的内容

建筑装饰施工阶段一般属于工程施工的最后阶段。有些在基础、结构阶段需要考虑的内容也应在这两个阶段中予以考虑。因此,建筑装饰施工平面图中规定的内容要因时、因需要,结合实际情况来决定。

(1) 已建及拟建的永久性建筑物、构筑物及其他设施的位置和尺寸。

(2) 测量放线标桩、杂土及垃圾堆放场地。

(3) 垂直运输设备的平面位置,起重机开行路线及轨道铺设,回转半径,脚手架、防护棚位置。

(4) 材料、加工成品、半成品、施工机具设备的堆放场地。

(5) 生产、生活用的临时设施(包括搅拌站、木工棚、仓库、办公室,临时供水、供电、供暖线等)并附一览表。一览表中应分别列出名称、规格、数量及面积大小。

(6) 安全、防火设施。

(7) 临时道路,可利用的永久性或原有道路及其与场外交通的连接。

(8) 临时给水排水管线、供电线路、蒸汽及压缩空气管道等。

以上内容可根据建筑总平面图、现场地形地貌、现有水源、电源、热源、道路、四周可以利用房屋和空地、施工组织总设计及各临时设施的计算资料来绘制。

2) 施工平面图设计的依据

(1) 设计资料:包括建筑总平面图、竖向设计图、地貌图、装饰工程项目施工范围内有关的一切已有的和拟建的地下管道位置等。

(2) 整个装饰工程项目的施工方案、施工进度计划,便于了解各施工阶段情况而进行场地合理规划。

（3）各种装饰材料、构件、加工品、施工机械和运输工具需要量一览表，便于规划工地内部的储放场地和运输线路。

（4）构件加工、仓库等临时建筑。

3）施工平面图设计的基本要求

（1）从施工现场的实际情况出发，遵循施工方案和施工进度计划的要求。

（2）充分发掘施工现场的潜力，尽可能利用现场已有的建筑物、构筑物和各种道路、管线为施工服务，减少暂设工程的费用。

（3）最大限度地缩短工地内部的运输距离，尽可能避免场内二次搬运，以减少材料损耗和节约劳动力。

（4）要符合劳动保护、安全技术、卫生防疫和防火的规定。

（5）为争取成为文明工地和标准化工地创造条件。

（6）临时设施的布置，应便利于工人生产和生活。

装饰施工平面布置图的方案，要考虑施工用地面积，场地利用率，场内运输情况，临时建筑面积，临时道路和各种管线长度，是否符合劳动保护、安全、防火、卫生等方面的规定等。

11.5　施工措施

技术组织措施是建筑装饰企业施工技术和财务计划的一个重要组成部分，其目的就在于通过采取技术方面和组织方面的具体措施，以全面和超额完成计划任务。

1）技术组织措施

技术组织措施主要包括以下内容：

（1）技术组织措施的项目和内容。

（2）各项措施所涉及的工作范围。

（3）各项措施预期取得的经济效益。

技术组织措施的最终成果反映在工程成本的降低和施工费用支出的减少上。有时，在采取某种措施以后，一些项目的费用可以得到节约，但另一些项目的费用将增加。这时，在计算经济效果时，增加和减少的费用都需计算进去。

认真编制单位工程降低成本计划对于保证最大限度地节约各项费用、充分发挥潜力以及对工程成本做系统的监督检查，具有十分重要的意义。

2）技术经济指标

技术经济指标是编制单位工程施工组织设计能体现的技术经济效果，应在编制相应的技术措施计划的基础上进行计算。主要有以下几项指标：

  （1）工期指标（与一般类似工程做比较）。

  （2）劳动生产率指标（m^2/工日或工日/m^2）。

  （3）质量、安全指标。

  （4）降低成本率。

  （5）主要工种工程机械化施工程度。

  （6）主要原材料节约指标。

复习思考题

1. 简述室内装饰工程施工组织设计编制的内容与依据。

2. 进度计划编制依据与程序是什么？

3. 施工平面图的内容有哪些？

4. 施工平面图设计的基本要求是什么？

12 室内装饰工程施工管理

12.1 施工管理的依据

政府颁布的各种法规、条例、标准、规范，装饰施工单位与甲方签订的承包合同及与其相应的工程图纸、工程量清单、技术说明书以及甲方代表（或建筑师、监理工程师）签发的文件、会议纪要、变更等都应是装饰工程施工管理的依据。

1）政府部门的有关文件

直接与装饰工程施工有关的政府文件很多，包括法规、条例、规程、标准、规范等种类，其涉及方面主要有：

（1）关于装饰工程造价、取费的规定和定额。

（2）关于建筑防火、工地消防的规定和规范。

（3）关于工地场容、环境保护的规定。

（4）关于治安、交通的规定。

（5）关于安全生产和劳动保护的规定和规程。

（6）关于工程质量检验、评定、监督的规范、标准和规定，如《建筑装饰装修工程施工质量验收规范》（GB 50210—2018）、《民用建筑工程室内环境污染控制规范》（GB 50325—2010）等。

（7）关于材料、设备进口、检验的规定和标准。

（8）关于工程竣工验收的规定。

（9）其他。除全国通用的规定、规范、标准以外，还必须特别注意施工地区的特殊规定及新颁布或修订的规定。

2）工程承包合同

（1）施工合同文本

《建筑装饰工程施工合同》由第一部《合同条件》和第二部《协议条款》组成，并附有两个附表：附表一为《工程项目一览表》，附表二为《工程甲方供应材料设备一览表》。

①《合同条件》由 10 部分 44 条组成。这 10 部分内容是：

a. 词语定义及合同文件。

b. 双方一般责任。

c. 施工组织设计和工期。

d. 质量和检验。

e. 合同价款与支付方式。

f. 材料供应。

g. 设计变更。

h. 竣工与结算。

i. 争议、违约和索赔。

j. 其他。

② 《协议条款》由 44 条组成。主要内容包括工程概况、工程承包范围、合同工期质量保证、合同价款、组成合同的文件及双方的承诺等。

《建筑装饰工程施工合同》的附件则是对施工合同当事人的权利义务的进一步明确，并且使得施工合同当事人的有关工作一目了然，便于执行和管理。

（2）合同文件

① 双方签署的合同协议书。在合同文本中，已经给出标准的合同协议书文本，其主要内容包括甲乙双方的全称，合同签订所依据的法律，工程概况，工程承包范围和方式，合同工期，质量标准，合同价款，合同文件的组成，双方当事人的相互保证，合同生效时间，甲乙双方签章等。

② 双方当事人有关工程的洽商、变更等书面协议或文件也作为合同协议书的组成部分。

a. 中标通知书。

b. 投标书及其附件等。

③ 工程所适用的标准、规范及有关技术文件：

a. 施工中必须使用我国国家标准、规范。

b. 没有国家标准、规范，但有行业标准、规范的，使用行业标准、规范。

c. 没有国家和行业标准、规范的，则使用工程所在地的地方标准、规范，甲方应按专用条约款定的时间向承包方提供一式两份的标准、规范。

d. 国内没有相应标准、规范时，则由甲方按专用条款约定的时间向承包商提出施工技术要求，承包商按约定的时间和要求提出施工工艺，经甲方认可后执行。

e. 若工程使用国外标准、规范时，甲方应当负责提供中文译本。

④ 图纸：

a. 甲方提供图纸的，甲方应按专用条款约定的日期和套数，向承包商提供图纸。承包方需要增加图纸套数，甲方应代为复制，复制费用由承包商承担。

使用国外或者境外图纸不能满足施工需要时,双方在协议条款内约定复制、重新绘制、翻译、购买标准图纸等的责任和费用承担。

施工现场应由承包商保留一套完整的图纸,供工程师及有关人员进行工程检查时使用。

b. 对于装饰工程施工承包单位依据合同约定自己设计、自己施工的工程,承包商应当在其设计资质允许的范围内,按工程师的要求完成这些装饰装修工程设计,经工程师确认后使用,发生的费用由甲方承担。

⑤ 工程量清单。

⑥ 工程报价单或预算书。

上述合同文件应能相互解释,互为说明。当合同文件出现含糊不清或不一致时,在不影响工程正常进行的情况下,由双方当事人协商解决。协商不成时,可以作为合同争执处理。

(3) 装饰项目经理必须掌握的合同要点

合同双方的一般责任:

① 合同双方的沟通程序包括甲方代表(或建筑师、工程师)下达指令及口头指示的确认、承包商的报告、请求、通知及甲方方面对此做出审批或确认的程序。

② 合同双方的工作范围:现场各类施工条件的提供、维护以及现场保卫、场容、成品保护等方面的责任和费用的划分;工期,合同开工日期与交工日期,延期开工、暂停施工及延误工期的确认程序;工期延误的责任及工期提前的奖励。

③ 设计变更:设计变更的程序;变更引起的合同价格变化的计算依据。

④ 材料与设备:材料、设备供货责任的划分;材料、设备的审批、检验手续,材料、设备验收与保管;材料代用或变更的程序。

⑤ 质量检查与验收:质量检查和工程验收的程序;必备的质量控制原始记录或报表;样板间的要求。

⑥ 安全与保险:承包方的安全责任及合同规定的保险范围。

⑦ 总、分包协调:装饰工程分包商与总承包商的责任划分;装饰工程分包商同其他分包商之间的关系与协调程序。

⑧ 保修期:保修期的起讫时间、保修期责任。

⑨ 合同价款:合同价的形式(是固定价还是随造价管理部门通知调整的结算价,是固定单价还是固定总价);预付款金额;进度款的核定与支付程序;竣工结算的程序及准备资料。

⑩ 保函与保留金:合同要求的保函种类和担保金额;保留金的金额及其发放条件。

3）与合同对应的技术文件

（1）技术说明书

国际招标的工程，均由建筑师或工程师向承包商提供一份技术、管理综合性文件——技术说明书，它详细指明在该工程上规定的管理程序及各分部分项工程的材料、工艺、质量、安全等方面的要求，是施工管理必须遵循的重要文件。

（2）图纸

包括发包方提供的设计图纸和由承包方绘制并经发包方批准、确认的装饰效果图、施工图、大样图。图纸是施工人员计算工程量、安排施工量、编排施工进度及各项管理措施的主要依据。

（3）装饰材料做法表

由设计单位（或建筑师）随图纸一并提供，逐个房间分不同部位详细绘出地面、踢脚、墙面、顶棚的装饰材料与做法。它是承包方编制材料计划和施工组织计划的依据。

（4）门窗表

由设计单位（或建筑师）随图纸一并提供，详细绘出各房间各部位的门窗编号、类型，有的建筑师甚至给出所有门、窗五金配件的系列号，是承包方订购门、窗及组织施工的依据。

（5）图纸会审纪要

图纸会审纪要是经会审各方签字确认后对设计文件的解释、修正或补充。图纸会审的要点包括：

① 装饰工程的设计文件中有无不明确、"不交圈"的问题，如尺寸标注的遗漏或坐标、标高的不符。

② 装饰工程的图纸与结构、机电设备安装图纸有无矛盾。

③ 设计中有无不符合本地质量、安全、环卫、消防法规的材料、工艺等。

④ 其他涉及装饰工程质量、工期、安全等的设计问题。

（6）洽商、变更

装饰施工单位根据自身的施工经验，在保证原设计的功能要求的前提下，可以通过洽商的形式对原设计提出修改建议，若设计单位签字认可即为设计文件的补充。设计单位往往根据业主要求在施工过程中以变更的形式对原设计做出修改。经设计单位认可的洽商和变更是装饰施工、管理及工程款结算的依据。

12.2　施工前准备

1) 现场布置及现场平面布置图

(1) 现场布置图内各功能区域都要设置施工方公司统一规定的标志牌,在木加工场等区域要设置相关禁火防火标志,并配有消防器材。

(2) 施工区域内设置绿色安全通道,通道内要保持灯光照明,不堆积物料、工具设备,确保通道畅通整洁。

(3) 配电箱、消防器材要均衡分布、专人管理,严格按现场布置图所标位置布置材料堆放、木加工区等。如有调整应按程序审批方可实施。

(4) 现场布置图详细绘制,送交甲方、监理方审批。

(5) 现场不允许工人在工地上留宿,保持现场的整洁。

(6) 现场办公室、加工车间、物料贮存仓库严格按甲方和监理方要求布置,并在不再需要时拆除所有工地上的物料整齐存放,不允许进现场的设备工具及物料应在工地外租用临时仓库堆放。

2) 施工区域的封闭

(1) 精装修施工范围,采用专用标式隔断进行封闭。出口设置要与现场布置图的安全通道统一考虑,并布置安保人员值勤。

(2) 施工区域的封闭,应在甲方认定后,对接收区域的建筑产品进行交接验收,并作有关记录,双方备忘。

3) 标高、轴线的引测

(1) 进场后,项目部要与甲方联系,进行标高点、轴线位置的移交。

(2) 标高点、轴线位置移交过程要办理书面移交手续。

(3) 项目部与甲方移交完毕,随即将标高、轴线明显标色引测到自身施工区域。

(4) 引测操作人员不能为同一人或同一档人员,以确保引测的正确性。

4) 施工组织布置送审准备工作

(1) 在进入招标后期阶段,项目部组织人员对图纸进行细致研究,对现场进行深入勘察。对材料分包单位加以联络考察,着手进行施工组织设计等文件的编制工作。

(2) 确认中标并接到合同的书面委托后,7天内将施工组织设计、进度计划表、详细施工图,包括外加工种类、时间、包装、方法、验收、程序等系列施工组织受控文件送甲方审批,并按认可的部署及计划施工。

(3)对中标图纸中未明确的重要节点,由设计师进行审核,并以详图的形式送达甲方确认。

(4)有关指定的主要饰面材料、材料样本、色块样板在进场 10 天内提供给甲方工程师、预算师认定后封存。

(5)认真做好施工后向甲方提交每周及每日报告,每周报告工程的进度、需要资料及要求等情况,并将记录工地上每个工种工人及使用机械的数目、运到工地的物料数量以及整天的天气每日报告甲方。

5)内业与资料准备

(1)核对图纸与其他的设计文件:装饰工程的设计文件中有无不明确、不交底的问题,如尺寸标注的遗漏或坐标、标高的不符等;装饰工程的图纸与结构、机电设备安装图有无矛盾;设计中有无不符合本地质量、工期、安全、消防等的设计问题。

(2)计算工程量:分区域、分房间、分工种、分项目计算装饰工程量。

(3)编制施工预算

在计算装饰工程量的基础上,参照施工定额,分工区域、分房间、分工种、分项目确定工料消耗。

(4)编制施工组织设计:根据本工程设计特点结合现场实际情况及所在地区经济条件,编制施工组织设计。

(5)编制装饰材料计划:根据进度计划和工程量表,按材料品种规格编制其需用量和需要时间的计划。

6)外业与资料准备

(1)及时完成工程定位和标高引测的基准点设立,并按照规定的程序和要求做好相应的技术复核,以确保工程定位和各类标高引测、基准的正确性。

(2)修筑现场施工临时通路和施工场区四周围墙及必要的防护安全隔离设施。

(3)埋设并接通施工现场临时给排水、排污、供气、供热等管道及渠沟系统,设置基础施工阶段所必需的设施。

(4)设置变电站和高压电线、电缆等施工现场临时供电线路系统以及通信设施线路系统等。

(5)准备和搭建施工现场材料物资堆场及仓库。划定施工模板、钢筋加工制作与清理等所需要的作业场所,布置砂浆、混凝土搅拌机械以及起重和垂直运输机械。

(6)与有关配套单位接触,落实相关穿插施工措施。

（7）配备装饰施工机具与本工程相适应的装饰施工队伍。

（8）落实装饰材料供应商和现场消防器具、安全设施。

（9）落实季节施工的措施。

12.3　工程进度计划及工期保证措施

1）工程进度计划保证措施

（1）施工总进度计划安排

通过认真阅读工程施工图纸，对工程进行细致的计划和安排。根据各专业的合理工序，结合总施工进度计划，本着紧密配合、立体交叉、流水作业的施工方法，主动与土建、空调、弱电、消防、电梯安装等施工单位协调配合。

（2）施工进度主要节点

根据施工工期的要求，结合土建等其他施工单位各施工阶段的具体工作内容，把工程内容划分为几个施工段。施工段要根据工程的结构特点、工程量，以及所能投入的劳动力、机械、材料等情况来划分，以确保各专业工作队能沿着一定顺序，在各施工段上依次并连续地完成各自的任务，使施工有节奏地进行。

（3）施工步骤

根据施工工艺流程和施工方法制定合理的、科学的施工步骤，解决各施工之间在时间上的先后和搭接问题，以达到保证质量、安全施工、充分利用空间、争取时间、实现合理安排工期的目的。

（4）施工进度计划

根据施工工程工期要求，结合工程其他施工单位的具体工作内容，并根据各分项工程工作量、人工和施工步骤、施工流程来合理计划，跟踪管理。针对工程过程中的各种突发情况及时进行调整，编制工程施工进度计划表。

2）工期保证措施

室内装饰施工具有工种繁多、施工周期短等特点。如何在施工过程中保证施工进度是确保工程保质保量、按期完成的关键，也是施工项目管理的中心任务。采取下述措施，以确保工程进度的实现。

（1）组织保证措施

项目经理负责全过程的施工管理，建立以项目经理、技术负责人、作业队长为首的多级计划执行体系，使施工计划的每一个节点，每一条线路，层层有人管，事事有人问，通过计划落实，检查以及定期制订、分析、总结出标准的、可行的工作方法，使工程进度符合实际要求，组织方式如下：

① 检查各层次的计划,形成严密的计划保证系统。施工中有多种施工计划,如总进度计划、单位工程施工进度计划、分部分项施工进度计划,这些计划均是围绕一个总工期编制的,在坚持总工期不变的前提下,检查各项计划是否层层分解、互相衔接,组成一个计划实施的保证体系,以计划任务书、施工任务书的方式逐级下达,以保证实施。

② 层层签订责任状和下达任务书。装饰公司与工程项目经理、施工队和作业班组之间分别签订责任承包合同,按计划目标确定施工任务、技术措施及质量要求,使施工班组必须保证按作业计划完成规定的任务。

③ 计划全面交底,发动人员实施计划。工程进度计划的实施是全体工作人员的共同目标,通过职工动员会和各级生产会进行目标进度交底,使管理层和操作层协调一致,将计划变成群众的自觉行动,充分发挥各级管理人员和全体施工人员的积极性、创造性。

(2)计划保证措施

采取分步作业计划,分步作业计划是确保计划实施的重要方法之一。

① 采取多种计划:根据土建施工、甲供材料等情况分解为季、月等分步作业计划,实行季调整、月实施、日落实的计划管理系统。

② 三周滚动计划:在工程施工过程中,存在着许多动态的因素,需不断地调整、解决。实行检查上周、实施本周、计划下周的三周流动计划管理办法,本办法将计划实施、检查、调整集于一体,是管理工作的具体化、细量化,以每周甲方召开的工程协调会为目标,通过严格的组织管理,确保总计划的实现。

③ 加强计划的严肃性:在计划确定后,加强计划的严肃性是非常关键的。各级施工进度计划是完成装饰施工工程的基础工作,必须在日常工作中放在首位,以计划的管理带动施工诸要素的调度,这就要求施工中各级管理人员必须有严谨的工作作风,做到当天的工作不过夜,本周的工作不过周,一环扣一环地完成每一个节点计划,使工程向着既定的计划纵深发展。

12.4 施工组织管理

室内装饰工程工作量繁多,系统功能齐全,全面系统地进行施工组织及管理,实现工程建设计划和设计要求,围绕各阶段的施工内容,对人力、资金、材料、机械和施工方法等进行合理的安排,协调好施工中各施工单位、各工程之间、资源与时间之间、各项资源之间的合理关系,在整个施工过程中按照客观的施工程序及规律做出科学合理的安排,使工程施工取得最佳的效果。施工组织的总体构想是工程能否保质保量接期完成的关键。它直接影响到建设单位的投资效益、设计效果以及施工单位的综合经济效益。

1）主要施工管理人员配置

根据工程的实际情况，派驻施工队伍和施工管理人员组成项目工程管理部，项目工程管理部人员工作职责如下：

（1）项目经理：是工程实施的全面和最终负责人，对全面履行合同负直接责任，对工程符合设计验收规范、标准要求，以及达到质量目标等级负责。

（2）技术负责人：负责施工现场所有事宜，包括材料采购、生产加工、现场施工等，保证工程实施的全面工作，与甲方、分包方、监理方协调好工作，对工程中有关人员的培训、技术交底，对质量、施工进度、施工验收等全面负责，并及时将施工现场有关情况向项目经理汇报。

（3）施工员：负责工程安装的具体实施工作，随时解决施工中遇到的疑难问题，保证工程的顺利进行，掌握工程进度及安装质量，做好施工日记，并经常向项目经理汇报工作。

（4）技术员：负责所有技术文件的编制，设计施工方案，制定施工工艺及执行施工规范，负责对操作人员进行培训，及时处理施工现场遇到的技术问题。

（5）质量员：负责工程施工中的质量控制。做好施工质量检测记录，消灭质量隐患。

（6）安全员：了解当地政府及工地有关规定，负责施工安全操作规程、防火制度的制定及执行工作，及时掌握施工现场环境的安全状况，落实安全保护措施。

（7）材料员：负责施工现场材料的清点、保管、发放工作，落实对施工现场材料的保护措施。

2）施工管理准备工作

施工管理准备工作作为施工正式开工前的布置及安排工程施工的前奏，它的基本任务是为工程的施工建立必要的技术和物质条件，统筹安排施工力量和施工现场。因此，认真做好施工准备工作对发挥企业优势，合理安排资源，加快施工速度，提高工程质量，降低工程成本，增加企业经济效益，树立良好的企业社会信誉等具有重要意义。

（1）按施工要求办理好各种施工手续

积极地到社会各部门及行业管理单位办理有关的施工手续，如项目施工许可证、质量报监手续、安监登记手续等，保证施工的合法化，使工程顺利开工。

（2）认真做好图纸会审工作

在技术负责人的组织下熟悉图纸，进行自审工作，做好审查记录以及对设计图纸的疑问和建议，在此基础上会同甲方和设计单位进行图纸会审，深入理解设计思路、设计意图以及设计要求,从而指导施工。

（3）积极准备有关的技术资料

按施工要求积极配备各类管理资料、技术资料、施工规范、验评标准,并做好各有关施工技术交底工作。

（4）做好施工组织设计的补充调整工作

通过对施工图纸的会审以及施工技术要求的掌握、理解、核定,在技术负责人的组织下进行施工组织设计的补充、调整工作,使施工组织设计更切合实际地发挥指导作用。

（5）及时准确地编制好施工图预算和施工预算

按照施工图及补充图纸及时编制出施工图预算,报送甲方;在项目经理组织下按施工要求及时编制出施工预算和工料分析,为项目部编制各项成本支出、考核用工、签发任务单,为限额用料提供依据。

（6）健全技术管理和各级制度

施工中技术管理是施工管理的重要组成部分,及时编制出可行的各种施工方法,并做好各级技术人员及施工班组的技术交底工作,制定规范的工作职责和工作制度,使技术管理条理化、专业化。

3）施工队伍进场筹备工作

（1）施工队进场施工前,必须由各工种班长负责,指定一名各自的材料员,负责进行各工种消耗材料的申请与领料工作。同时,任命各工作面的班组长及项目部的安全员为各工种所属工人填报《施工人员登记表》,检查特殊工种持证上岗手续。

（2）完成作业面内、楼梯等危险地段的防护,对高温、产生火花及危险器具的施工作业面进行明确指定,对易燃、易爆、有毒腐蚀等特殊材料堆放场地挂牌标识,以上工作必须经过项目经理及各施工队安检员验收,未完成验收或不合格者严禁开工。

（3）各工种负责人开工前必须向项目经理上报一份《施工器具登记表》,填写合格证、质检证或安全许可证编号,并进行器具安全检查。

（4）由项目经理负责召集各工种班长分发《现场施工防火管理规定》《现场文明施工管理规定》,各工种班长开工前必须向所属工作人员进行上述规定的教育并公布各自的安检员任命。

（5）发放《每日工程量报表》及《装饰施工验收规定》,由项目经理负责说明有关工程管理办法、程序、工程量检查及质量验收规定。

4）劳动力配置

根据施工进度要求，采取"紧密配合，见缝插针，立体交叉"的劳动组织形式，确保每一项计划的按时完成，其中劳动力配置是一个重要环节。在项目劳动力配置上，坚持"计划管理，定向输入，双向选择，统一调配，合理流动"。以责任承包合同和任务书管理为纽带，组织优质高速的施工队伍。做到合理安排，有效调配，科学组织，平衡施工，以确保施工进度和工程质量。

5）机械设备配置

合理地配备工程施工所需的机械设备，使工程施工的设备真正达到技术先进、经济合理、生产可行的要求。在配备机械设备时，遵循以下原则：

（1）贯彻机械化和半机械化相结合的方针，重点配备中、小型机械。

（2）充分发挥现场所有机械设备的能力，根据具体变化的需求，合理调整装备结构。

（3）优先配备工程施工中所必需的、保证质量与进度的、代替劳动强度大的、配套的机械设备。

（4）按工程体系、专业施工和工程实物量等多层次结构进行配备，并注意根据不同的要求配备不同类型、不同标准的机械设备，以保证质量为原则，努力降低施工成本。

总之，在室内装饰工程的施工中，要配备完善充足的施工专业设备和工具，这些设备和机具既可以保障施工做法的统一性，又可在许多方面保证同一做法具有相同的质量和效果，还可以大大减少手工操作量，避免材料、时间的浪费，有效地提高施工作业效率，缩短工期，并在工程的装饰细节上体现出独特的风格。

12.5 施工过程管理

施工过程是施工的主体，也是管理的核心，是组织管理、技术管理、劳动管理、物资供应管理、协调配合工作的集中反映。施工过程管理的好坏直接影响到工程进度、施工质量和工程成本。为此，应采取下列方式和工作方法，做好施工过程的管理工作。

1）流水作业施工

室内装饰工程工作量大，工种繁多，同种材料的加工方式比较多，在工程拟定的施工方案流水作业中，加强自动化机械加工能力，对批量生产的部件采用集中预制、现场组装的方式加工，既利于提高产品质量又利于加快工程进度。

2）物资采购供应

（1）甲供材料供应

为使甲方供应的装饰材料及时准确地进入现场，应做好以下工作：

① 及时准确地给甲方提供供料计划。做好甲方供料计划工作，要具有超前意识，计划要及时准确，这关系到工程进度的顺利进行，也能使甲方充分发挥资金效益。为此，要高度重视此项工作。在资料的打印、传递方面严肃认真，在时间及数量上慎之又慎，决不能造成供料混乱。此项工作的落实，需制定各级管理人员岗位责任制，派业务素质高、责任心强的人来担任此项工作，对业主供应的材料进行抽检或全检，做好甲供材料的交接、检验工作，并将完整的检测报告提供给甲方，使甲方在确保供料的基础上不受任何经济损失。

② 做好甲方供应的材料管理工作。协助甲方做好供应材料的保管工作，设置专门的仓储库房配备专人看管，对材料进行定期的防护、检查，建立专职保管员的完整的领用手续，保证甲方供应的材料不丢失、不浪费，以降低工程造价。

（2）乙供材料供应

乙供材料的组织是项目部物资管理的中心任务。供应质量和供应速度是关系到项目部各项工作能否顺利进行的决定因素，应重点抓好如下工作：

① 加强材料供应的及时性、准确性、严肃性。项目部应严格执行规范的计划编制、审核、采购制度，坚决杜绝盲目性、铺张浪费的工作作风。

② 加强采购成本的控制。在保证质量、数量供货及时的基础上，降低采购成本是提高工程项目经济效益的重要环节，因此，项目部在采购材料时坚持"三比""一算"的原则，即比质量、比价格、比服务和成本核算。任何物资的采购必须有采购通知单及严格的验收入库制度。

③ 坚持审批的环节。项目部在做好自身计划的审批工作的基础上，同时也要做好报送甲方的报批工作，对实行调整的大宗材料应事先报送甲方进行价格、厂家的审批，在审批的基础上进行采购。

④ 加强保管，及时回收。做好材料的保管领用工作是保证材料供应不乱的基础，项目部坚持执行限额领料制度，凭计划发料，在保管工作上配备专业的保管人员，保证账、卡、物相符，保证仓库的材料不变质、不受损，同时采用材料节约奖励的办法，做好材料的回收利用，做到能使用的绝不浪费。

3）做好施工过程的协调配合工作

施工过程中的协调配合是项目管理者充分利用内外因素的相互关系进行协调、调度的方式，具体从以下几方面进行：

（1）与甲方协调配合

认真、细致地研究施工过程的主要条件，以科学的管理、周到的服务，按照施工的要求保质保量、按期完成室内装饰施工工程。

① 积极配合甲方做好进场施工的准备工作，为甲方排忧解难。

② 在熟悉图纸的基础上，及时准确地提供材料清单报送甲方，并派出具有丰富经验的采购人员协助甲方进行材料订购等联系工作。

③ 主动为甲方供应的材料进行交接和检验工作。

④ 在甲方协调下积极配合总包进行临建搭设，派出专人进行产品的分类、保管，并严格执行出入库手续及技术文件管理。

⑤ 积极配合甲方进行工程修改、方案确定、技术论证，并做合理的经济分析。

⑥ 积极配合甲方进行市级配套等工作，如供电、供气、环保等配合工作。

⑦ 积极配合甲方争创优良工程，认真准备验收资料，力争工程获优良奖。

（2）与监理单位协调配合

① 认真接受监理单位提出的监理意见，并在其意见指导下组织施工。

② 积极参加监理组织的各项监理活动，诸如工程质量、进度检查、施工技术交底、施工协调等，及时准确地提交所需工程资料，如完成的工作量、统计资料、进度计划及施工组织方案等。

③ 按照工作程序进行工程施工过程中必需的报批手续，对施工的进度、技术质量及费用等问题必须事先有报告、事中有检查、事后有汇报，不能盲目施工。

④ 会同监理单位进行工程验收，确保工程创优。

（3）与设计单位协调配合

设计单位作为工程的设计者，对该项目的设计思路、设计依据、设计意图有着深刻的了解，故与设计单位的协调配合是完整体现设计意图的基础，使工程既能满足使用要求，又在费用上有所控制的重要手段，为此应做好以下几个方面的工作：

① 认真熟悉图纸，深刻领会设计意图，在此基础上认真做好设计交底工作。

② 虚心接受设计单位对工程施工的指导意见和建议，严格执行图纸施工的施工方法，不随意改动图纸、改变设计意图。

③ 施工中遇到问题应虚心请教设计单位及设计人员并以书面的形式报告设计单位办理施工技术核定，不可自作主张，以免影响设计效果。

④ 定期或不定期地请设计单位进行施工现场指导，并认真按其意见组织施工，使设计、施工紧密结合起来，不造成脱节，使整个施工不超越设计，在其控制之中。

⑤ 积极配合设计单位负责人进行施工验收及创优达标活动，使设计功能先进、品位高、现代化并真实反映在室内环境中。

（4）与各专业工程协调配合

作为装饰施工单位，与土建、空调、弱电、消防等施工单位的协调配合是必不可少的施工活动，是直接影响到施工进度、施工质量、施工成本及施工效果的环节。

在甲方的协调下，在施工中做好日常性配合工作的基础上应做好以下几点：

① 一切为工程着想，一切为工程施工提供便利条件。

② 在土建楼面作业时重点落实其标高、装饰尺寸，及时组织就位安装，绝不使工程返工、拆除，保护好土建产品。

③ 在土建墙面上配合施工时，采用专用大理石切割设备，使其开槽规范，在结构和混凝土墙开洞时采用专用电动开孔设备，做到定位准确、开孔规范，绝不乱砸乱打，做到文明施工。

④ 在与其他专业施工队伍配合时，积极做好工序安排，绝不可损坏其他专业施工队伍的产品。

⑤ 与土建一道做好现场达标工作，严格执行规范的现场标准化管理办法，做好消防、保安工作，创造一流的施工现场，为工程创优打下坚实的基础。

4）接受社会监督，共创优质工程

（1）建设工程的施工是社会工作的一个重要组成部分，涉及面广，单位众多，利用社会各界力量，共同关心工程施工，扩大工程知名度，共创优质工程。

（2）具体的做法是：定期召开由各级专家、各主要部门参加的工程创优恳谈会，邀请甲方、监理单位、设计单位、质检单位、建管处、安监站等有关专家进行现场检查指导，征求宝贵意见，扬长避短，对施工存在的不足之处进行改进和提高，借助社会力量进行工程管理，为工程施工创优达标奠定坚实的基础。

5）做好服务工作措施管理

（1）按照质量体系程序中服务控制程序运行，向甲方提供满意的服务。

（2）积极地、及时地参加甲方召开的工程施工协调会，了解甲方的需求，听取甲方的意图，并传达到各部门，对不满意的项目按要求整改。

（3）对甲方提供的产品，项目部及时进行检验，做好甲方提供产品的台账，并对产品加以标识。

（4）根据合同规定，保修期内为甲方保修，保修期外甲方要求时，应积极提供维修及服务。

（5）执行工程回访服务，工程交付后一年内，组织有关部门对工程项目进行质量回访，充分听取甲方对工程产品质量和服务质量的意见和建议。

6）做好工程资料管理

（1）项目部设置专职档案管理人员，负责内外文件的签发、接收工作，以及工程资料管理。

（2）所有技术文件，必须经过严格的审核后才能签发。

（3）所有签发、接收的文件及工程资料，其原件必须统一管理，以便查询。

（4）工程资料的填写应与工程进度同步进行，并按规定由有关人员会签后，由档案室存档。

12.6　协调管理措施

1）同各相关施工单位的配合措施

（1）进场施工前同土建、消防安装、空调安装、弱电安装等单位负责人接触，交流各自的施工进度计划，提供专业平面布置图，绘制天棚综合叠加图，经各方平衡认可达成一致后，再编制专业交叉施工计划。

（2）加强同各施工单位接口处的配合。

（3）在隐蔽工程验收结束进行下一步施工前检查工作质量和其他施工单位的工程完成情况，在对方未完成的情况下，书面通知施工单位确认完成期限。

2）同甲方、监理公司的配合措施

（1）提交给甲方全面完整的施工计划。

（2）及时参加甲方、监理公司召开的会议，并认真做好记录。

（3）定期向甲方、监理公司汇报工程进度情况，并提出下步施工中需其他施工单位配合的事项。

（4）及时向甲方、监理公司提交各种材料样板，报请甲方选择、确认。

（5）按甲方、监理公司要求报送各种资料、报表，对甲方、监理公司下达的各项指令、通知，要求文件整理归纳，做好工程档案，工程竣工后，及时向甲方提交完整的竣工资料。

（6）配合甲方做好文明卫生城市的创建工作。

（7）协助甲方做好工地的安全保卫工作。所有材料工具运出工地时应出具证明。工人进出施工现场全部佩戴工号牌，并遵守甲方单位的门卫制度。

（8）协助甲方做好施工现场的文明、清洁卫生工作，所有材料指定地点堆放，施工垃圾派专人清理，并运到指定地点。

3）内部施工配合措施

（1）项目经理部根据工地的实际情况，对相关的施工班组明确进度计划。

（2）各班组在每天的例会上提出需其他班组配合的事项，若配合有困难，由项目经理部协调。

（3）在施工中发现需其他班组配合的事项，施工人员应及时商量，不能达成一致意见的上报班组，在每天的例会中协调。如时间比较紧迫，可直接报项目经理部协调。

4）成品保护措施

成品保护措施分对上道成品的保护措施和对自身成品的保护措施。

（1）对上道成品的保护措施

① 对外墙、玻璃幕墙保护：首先，要对原有玻璃幕墙完好程度与业主共同检查，用书面、图像形式备案，经确认无异议后，对幕墙采用塑料薄膜美纹纸粘贴，1 500 mm 高范围用夹板层保护。

② 对已施工完成的厕所、电梯、电梯厅、楼梯、地坪、门套等将作针对性的保护。

③ 施工过程中，由专人负责对上道已完成的半成品采取保护措施。

④ 对已完工的水、电、风等其他配套产品也将协同有关单位分别做专题保护措施，做到交给我们是什么样的产品，我们交于甲方也是丝毫无损的产品，并对发现损坏的产品及时修复。

（2）对自身完成成品的保护

① 石材、墙面砖饰面的保护措施

a. 天然大理石应光面相对，避免表面污染及碰撞，严禁使用草绳捆扎大理石，切忌淋雨，以免造成铁锈及其他黄褐色液体污染板面。

b. 花岗石在施工中切忌火烤，以避免急骤膨胀，产生爆裂破坏。

c. 柱面、门窗套安装后，对所有的面层阳角都要用木护板遮盖。

d. 拆架子或搬动高凳时，注意不要碰撞饰面表面，高凳、架子脚下安装橡皮垫以免损伤饰面。

② 涂料饰面的保护措施

a. 每次涂饰均要清理周围环境，防止尘土污染涂料，涂料未干燥前不得清扫地面；干燥后，不能接近墙面泼水，以免玷污涂料面。

b. 每遍涂料施工后，应将门窗关闭，防止摸碰，也不得靠墙立放铁锹等工具。

c. 在施工中，如遇到气温下降，应采取必要的保护措施。

d. 最后一遍有光涂饰完毕，空气要流通，以防涂膜干燥后表面无光或光泽不足。

e. 明火和高热不准靠近墙面。

f. 门窗、踢脚板等要保持整齐干净。

g. 涂料施工完毕，应按涂料使用说明规定的时间和条件进行养护，涂膜完全干燥后才能投入使用。

h. 涂料施工完毕,保持通风,安排专人负责看管,防止污染摸碰。

③ 细木制品的保护措施

a. 细木制品精加工完毕后,刷一遍干性油,防止受潮变形和灰迹污染。

b. 细木制品安装完毕后设禁界保护,防止其他工序作业碰撞、划痕、污染。

④ 地面饰面的保护措施

a. 地面石材、饰面砖施工期间或黏结强度不足时,要有明显的禁入标志,有专人值勤指挥,不允许他人踏入饰面区域。

b. 黏结达到强度后,石材饰面上要铺设防护薄膜或木板,防止踩踏碰坏、污染饰面。

c. 地毯施工完毕宜用塑料薄膜全面覆盖保护。

⑤ 玻璃的保护措施

a. 大面积玻璃安装后,应在玻璃上加贴醒目标记,以警示旁人以免碰撞。

b. 玻璃安装完毕后,尽可能在玻璃周围设置防护设施,防止其他施工工序在玻璃周边作业,损坏产品。

5)资料管理措施

专门设立专职人员负责工程技术资料的收集与整理归档工作,主要工作如下:

(1)施工组织设计方案和技术交底资料。

(2)材料、半成品、成品出厂证明和试验报告书。

(3)现场自行配制的材料应有试验报告。

(4)施工记录。

(5)预检记录。

(6)隐检记录。

(7)图纸变更记录。

(8)工程质量检验评定资料。

(9)竣工验收资料和竣工图。

12.7　技术、质量、安全管理

1)技术保证管理措施

技术保证管理措施要贯彻在工程施工的全过程,主要有以下几项:

(1)图纸的熟悉、审查和管理

熟悉图纸是为了了解和掌握它的内容和要求,以便正确地指导施工。审查图纸的目的在于发现并更正图纸中的差错,对不明确的设计内容进行协商更正。管理图纸则是为了施工时更好地应用及竣工后妥善归档备查。

（2）图纸会审

在熟悉图纸的基础上进行图纸会审，使施工人员明确设计图纸的内容、要求和设计意图，结合设计交底，如发现设计图纸有错误之处，应在施工前予以解决，确保工程的顺利进行。

图纸审查包括学习、初审、会审和综合会审四个阶段。

① 学习图纸。施工队及各专业班组的各级技术人员，在施工前应认真学习、熟悉有关图纸，了解本工种、本专业设计要求达到的技术标准，明确工艺流程、质量要求等。

② 图纸初审。图纸初审是指各专业工种对图纸的初步审查，即在认真学习和熟悉图纸的基础上，详细核对本专业工程图纸的详细情节，如节点构造、尺寸等。

③ 图纸会审。图纸会审，是指各专业工种间的施工图审查，即在初审的基础上，各专业间核对图纸，消除差错，协商配合施工事宜。如装饰与土建之间、装饰与室内给排水之间、装饰与建筑强弱电之间的配合审查。

④ 综合会审。综合会审是指总包商与各分包商或协作单位之间的施工图审查，在图纸会审的基础上，核对各专业之间配合事宜，寻求最佳的合作方法。

（3）技术交底

技术交底是在正式施工以前，对参与施工的有关人员讲解工程对象的设计情况、建筑和结构特点、技术要求、施工工艺等，以便有关人员（管理人员、技术人员和施工人员）详细了解工程，心中有数，掌握工程的重点和关键，防止发生指导错误和操作错误。技术交底的内容主要包括以下几个方面：

① 图纸交底。图纸交底的目的在于使施工人员了解工程的设计特点、构造、做法、要求、使用功能等，以便掌握和了解设计意图和设计关键，方便按图施工。

② 施工组织设计交底。施工组织设计交底是将施工组织设计的全部内容向班组交代，使班组能了解和掌握本工程的特点、施工方案、施工方法、工程任务的划分、进度要求、质量要求及各项管理措施等。

③ 变更交底。设计变更交底是将设计变更的结果及时向施工人员和管理人员作统一的说明，便于统一口径，避免施工差错，也便于经济核算。

④ 分项工程技术交底。分项工程技术交底是各级技术交底的关键，其内容主要包括施工工艺、质量标准、技术措施、安全要求及新技术、新工艺和新材料的特殊要求等。具体内容包括以下几方面：

a. 图纸要求：设计施工图（包括设计变更）中的平面位置、标高以及预留孔洞、预件的位置、规格大小、数量等。

b. 材料：所用材料的品种、规格、质量要求等。

　　c. 施工方法：各工序的施工顺序和工序搭接等要求，同时应说明各施工工序的施工操作方法、注意事项及保证质量、安全和节约的措施。

　　d. 各项制度：应向施工班组交代清楚施工过程中应贯彻的各项制度。如自检、互检、交接检查制度（要求上道工序检查合格后方可进行下道工序的施工）和样板制、分部分项工程质量评定以及现场其他各项管理制度的具体要求。

　　（4）施工组织设计

　　每项工程开工前，施工单位必须编制建设工程施工组织设计。工程施工必须按照批准施工组织设计进行。在施工过程中确需对施工组织设计进行重大修改的，必须报经原批准部门同意。

　　（5）材料检验与施工试验

　　材料检验与施工试验是对施工用原材料、构件、成品与半成品以及设备的质量、性能进行试验、检验，对有关设备进行调整和试运转，以便正确、合理地使用，保证工程质量。

　　（6）工程质量检查和验收

　　质量检查和验收制度规定，必须按照有关质量标准逐项检查操作质量和产品质量，根据建筑安装工程的特点分别对隐蔽工程、分项分部工程和竣工工程进行验收，从而保证工程质量。

　　（7）工程技术档案

　　工程技术档案是指反映建筑工程的施工过程、技术状况、质量状况等有关的技术文件。这些资料都需要妥善保管，以备工程交工、维护管理、改建扩建使用，并对历史资料进行保存和积累。

　　（8）技术责任制度

　　技术责任制度规定了各级技术领导、技术管理机构、技术干部及工人的技术分工和配合要求。建立这项制度有利于加强技术领导，明确职责，从而保证配合有力，功过分明，充分调动有关人员搞好技术管理工作的积极性。

　　（9）技术复核及审批制度

　　该制度规定对重要的或影响全工程的技术对象进行复核，避免发生重大差错而影响工程质量和使用。复核的内容视工程的情况而定，一般包括建筑物位置、标高和轴线、基础设备、基础模板、钢筋混凝土、砖砌体、大样图、主要管道、电气等。

　　2）质量保证管理措施

　　质量保证管理措施的内容主要包括施工准备过程、施工过程和使用过程三个部分的质量保证管理措施 。

　　（1）施工准备过程的质量保证管理措施

①　严格审查图纸。为了避免设计图纸的差错给工程质量带来影响，必须对图纸认真地进行审查。通过审查，及早发现错误，采取相应的措施加以纠正。

②　编制好施工组织设计。编制施工组织设计之前，要认真分析本企业在施工中存在的主要问题和薄弱环节，分析工程的特点，有针对性地提出防范措施。编制出切实可行的施工组织设计，以便指导施工活动。

③　搞好技术交底工作。在下达施工任务时，必须向执行者进行全面的质量交底，使执行人员了解任务的质量特性，做到心中有数，避免盲目行动。

④　严格材料、构配件和其他半成品的检验工作。从原材料、构配件、半成品的进场开始，就严格把好质量关，为工程施工提供良好的条件。

⑤　施工机械设备的检查维修工作。施工前要搞好施工机械设备的检修工作，使机械设备经常保持良好的技术状态，不致发生机械故障，影响工程质量。

（2）施工过程的质量保证管理措施

施工过程是建筑装饰产品质量的形成过程，是控制建筑装饰产品质量的重要阶段。这个阶段的质量保证管理措施主要有以下几项：

①　加强施工工艺管理。严格按照设计图纸、施工组织设计、施工验收规范、施工操作规程施工，坚持质量标准，保证各分部分项工程的施工质量。

②　加强施工质量的检查和验收。坚持质量检查和验收制度，按照质量标准和验收规程，对已完工的分部分项工程特别是隐蔽工程，及时进行检查和验收。不合格的工程一律不验收。该返工的就返工，不留隐患。通过检查验收，促使操作人员重视质量问题，严把质量关。质量检查可采取群众自检、互检和专业检查相配合的方法。

③　掌握工程质量的动态。通过质量统计分析，找出影响质量的主要原因，总结产品质量的变化规律。统计分析是全面质量管理的重要方法，是掌握质量动态的重要手段。针对质量波动的规律，采取相应对策，防止质量事故发生。

（3）使用过程的质量保证管理措施

建筑装饰产品的使用过程是建筑装饰产品质量经受考验的阶段。建筑装饰企业必须保证用户在规定的期限内正常地使用建筑装饰产品。这个阶段主要做好两项质量保证工作：

①　及时回访。工程交付使用后，企业要组织对用户进行调查回访，认真听取用户对施工质量的意见，收集有关资料，并对用户反馈的信息进行分析，从中发现施工质量问题，了解用户的要求，采取措施加以解决，并为以后工程施工积累经验。

②　保修。对于施工原因造成的质量问题，建筑装饰企业应负责无偿装修，取得用户信任；对于设计原因或用户使用不当造成的质量问题，应当协助装修，提供必要的技术服务，保证用户正常使用。

3）安全生产保证措施

装饰工程项目施工的同时必须承担安全管理，实现安全生产的责任，把安全管理贯穿于施工的全过程。

（1）安全检查

安全检查是发现不安全行为和不安全状态的重要途径，也是消除事故隐患、落实整改措施、防止事故伤害、改善劳动条件的重要方法。

安全检查的形式有常规性检查、特殊性大检查、定期检查和不定期抽查四种。

安全检查的内容主要是查思想、查管理、查制度，查现场、查隐患、查事故处理。

① 施工项目的安全检查以自检形式为主，是对项目经理以及项目操作、生产全部过程、各个方位全面安全状况的检查。检查的重点以劳动条件、生产设备、现场管理、安全卫生设施以及生产人员的行为为主。发现危及人的安全因素时，必须果断地消除。

② 各级生产组织者，应在全面安全检查中，透过作业环境状态和隐患，对照安全生产方针、政策，检查对安全生产认识的差距。

③ 对安全管理的检查，主要有以下几个方面：

a. 施工单位安全管理组织、安全职责的落实。

b. 承包责任制和岗位责任制的执行情况。

c. 项目安全管理计划和施工现场文明施工管理制度的实施情况。

d. 各类施工人员的上岗资格检查。

e. 现场在用机械设备的安全状态。

f. 消防设施的设置及其状态，现场安全宣传氛围。

g. 在用脚手架、防护架等设施的安全状态等。

（2）安全检查的组织

① 建立安全检查制度，制度要求的规模、时间、原则、处理、报偿全面落实。

② 成立由第一责任人为首，业务部门人员参加的安全检查组织。

③ 安全检查必须做到有计划、有目的、有准备、有整改、有总结、有处理。

（3）安全检查的准备

① 思想准备：发动全员开展自检，自检与制度检查结合，形成自检自改、边检边改的局面。使全员在发现危险因素方面的能力得到提高，在消除危险因素中受到教育，从安全检查中受到锻炼。

② 业务准备：确定安全检查的目的、步骤、方法。成立检查组，安排检查日程。分析事故资料，确定检查重点，把精力侧重于事故多发部位和工种的检查。规范检查记录用表，使安全检查逐步纳入科学化、规范化轨道。

（4）安全检查方法

常采用的有现场观察法、仪器检验法和安全检查表法。

① 现场观察法是安全管理人员到施工现场，通过感观对作业人员行为、作业场所条件和设备设施情况进行的定性检查，此法完全依靠安全检查人员的经验和能力，对安全检查人员个人素质要求较高。

② 安全检查表法是一种原始的、初步的定性分析方法。它通过事先对施工现场各系统进行剖析，列出各层次的不安全因素，确定检查项目并按顺序编织成表，以便进行检查和评审。

安全检查表通常包括检查项目、内容、检查方法或要求、存在问题、改进措施、检查人等内容。表 12.1、表 12.2 为检查表格式的示例。

表 12.1　安全检查表示例 1

检查项目	检查内容	检查方法或要求	检查结果
安全生产制度	(1) 安全生产管理制度是否健全并认真执行了	制度健全，切实可行，进行了层层贯彻，各级主要领导人员和安全技术人员知道其主要条款	
	(2) 安全生产责任制是否落实	各级安全生产责任制落实到单位和部门，岗位安全生产责任制落实到人	
	(3) 安全生产的"五同时"执行得如何	在计划、布置、检查、总结、评比生产同时，计划、布置、检查、总结、评比安全生产工作	
	(4) 安全生产计划编制、执行得如何	计划编制切实、可行、完整、及时，贯彻得认真，执行有力	
	(5) 安全生产管理机构是否健全，人员配备是否得当	有领导、执行、监督机构，有群众性的安全网点活动，安全生产管理人员不缺员，没被抽出做其他工作	
安全教育	(6) 新工人入厂三级教育是否坚持了	有教育计划、有内容、有记录、有考试或考核	
	(7) 特殊工种的安全教育坚持得如何	有安排、有记录、有考试，合格者发了操作证，不合格者进行了补课教育或停止了操作	
	(8) 改变工种和采用新技术等人员的安全教育情况	教育得及时，有记录、有考核	
	(9) 对工人日常教育进行得怎样	有安排、有记录	
	(10) 各级领导干部和业务员是怎样进行安全教育的	有安排、有记录	

续表 12.1

检查项目	检查内容	检查方法或要求	检查结果
安全技术	(11) 有无完善的安全技术操作规程	操作规程完善、具体、实用,不漏项、不漏岗、不漏人	
	(12) 安全技术措施计划是否完善、及时	单项、单位、分部分项工程都有安全技术措施计划,进行了安全技术交底	
	(13) 主要安全设施是否可靠	道路、管道、电气线路、材料堆放、临时设施等的平面布置符合安全、卫生、防火要求;坑、井、洞、孔、沟等处都有安全设施;脚手架、井字架、龙门架、塔台、梯凳等都符合安全生产要求和文明施工要求	
	(14) 各种机具、机电设备是否安全可靠	安全防护装置齐全、灵敏;闸阀、开关、插头、插座、手柄等均安全,不漏电;有避雷装置、有接地接零;起重设备有限位装置;保险设施齐全完好等等	
	(15) 防尘、防毒、防爆、防暑、防冻等措施是否妥当	均达到了安全技术要求	
	(16) 防火措施是否妥当	有消防组织,有完备的消防工具和设施,水源方便,道路畅通	
	(17) 安全帽、安全带、安全网及其他防护用品和设施是否妥当	性能可靠,佩戴或搭设均符合要求	
安全检查	(18) 安全检查制度是否坚持执行了	按规定进行安全检查,有活动记录	
	(19) 是否有违纪、违章现象	发现违纪、违章,及时纠正或进行处理,奖罚分明	
	(20) 隐患处理得如何	发现隐患,及时采取措施,并有信息反馈	
	(21) 交通安全管理得怎样	无交通事故,无违章、违纪、受罚现象	
安全业务工作	(22) 记录、台账、资料、报表等管理得怎样	齐全、完整、可靠	
	(23) 安全事故报告是否及时	按"三不放过"原则处理事故,报告及时,无瞒报、谎报、拖报现象	
	(24) 事故预测和分析工作是否开展了	进行了事故预测,做事故一般分析和深入分析,运用了先进方法和工具	
	(25) 竞赛、评比、总结等工作是否进行	按工作规划进行	

表 12.2　安全检查表示例 2

检查项目	检查内容	检查方法或要求	检查结果
作业前检查	(1) 班前安全生产会开了没有	查安排、看记录、了解未参加人员的主要原因	
	(2) 每周一次的安全活动坚持了没有	同上,并有安全技术交底卡	
	(3) 安全网点活动开展得怎样	有安排、有分工、有内容、有检查、有记录、有小结	
	(4) 岗位安全生产责任制是否落实	知道责任制的主要内容,明确相互之间的配合关系,没有失职现象	
	(5) 本工种安全技术操作规程掌握如何	人人熟悉本工种安全技术操作规程,理解内容实质	
	(6) 作业环境和作业位置是否清楚,并符合安全要求	人人知道作业环境和作业地点,知道安全注意事项,环境和地点整洁,符合文明施工要求	
	(7) 机具、设备准备得如何	机具设备齐全可靠,摆放合理,使用方便,安全装置符合要求	
	(8) 个人防护用品穿戴好了吗	齐全、可靠、符合要求	
	(9) 主要安全设施是否可靠	进行了自检,没发现任何隐患,或有个别隐患,已经处理了	
	(10) 有无其他特殊问题	参加作业人员身体、情绪正常,没有发现穿高跟鞋、拖鞋、裙子等现象	
作业中检查	(11) 有无违反安全纪律现象	密切配合,不互相出难题;不只顾自己不顾他人;不互相打闹;不隐瞒隐患,强行作业;有问题及时报告等等	
	(12) 有无违章作业现象	不乱摸乱动机具、设备;不乱触乱碰电气开关,不乱挪乱拿消防器材,不在易燃易爆物品附近吸烟;不乱丢抛料具和物件;不随意脱去个人防护用品;不私自拆除防护设施;不图省事而省略动作等等	
	(13) 有无违章指挥现象	违章指挥出自何处何人,是执行了还是抵制了,抵制后又是怎样解决的等	
	(14) 有无不懂、不会操作的现象	查清作业人和作业内容	
	(15) 有无故意违反技术操作现象	查清作业人和作业内容	
	(16) 作业人员的特异反应如何	对作业内容有无不适应的现象,作业人员身体、精神状态是否失常,是怎样处理的	

续表 12.2

检查项目	检查内容	检查方法或要求	检查结果
作业后检查	(17) 材料、物资整理没有	清理有用品,清除无用品,堆放整齐	
	(18) 料具和设备整顿没有	归位还原,保持整洁,如放置在现场,要加强保护	
	(19) 清扫工作做得怎样	作业场地清扫干净,秩序井然,无零散物件,道路、路口畅通,照明良好,库上锁,门关严	
	(20) 其他问题解决得如何	如下班后人数清点没有,事故处理情况怎样,本班作业的主要问题是否报告和反映过等	

4) 安全检查的形式

(1) 常规性安全检查:施工场区生产环境复杂,工作面多,工序繁杂,施工机械的性能和施工人员的技术等级、文化素质参差不齐,因此施工活动场所内进行常规性安全检查应为做好安全工作的基础,安检人员进行常规监督检查、督促、指导,可以及时发现和解决问题。

(2) 定期安全检查:指列入安全管理活动计划,在日常施工活动中制定的一项检查制度,有一定时间间隔的安全检查,属于例行检查。

定期安全检查的周期,施工项目自检宜控制在 10～15 天。班组必须坚持日检。季节性、专业性安全检查按规定要求确定日程。

(3) 不定期抽查:不是制度化的检查,是无固定检查周期,对特别部门、特殊设备、小区域的安全检查,属于突击性安全检查。在预先没有通知的情况下,不定期检查反映的安全问题更客观。

(4) 特殊性大检查:对预料中可能会带来新的危险因素的新安装的设备、新采用的工艺、新建改建的工程项目,投入使用前,以"发现危险因素"为专题的安全检查,叫特殊安全检查。

特殊安全检查还包括对有特殊安全要求的手持电动工具,电气、照明设备,通风设备,有毒有害物的储运设备进行的安全检查。

5) 消除危险因素的关键

安全检查的目的是发现、处理、消除危险因素,避免事故伤害,实现安全生产。消除危险因素的关键环节在于认真整改,确实把危险因素消除。对于那些因种种原因一时不能消除的危险因素,应逐项分析,寻求解决办法,安排整改计划,尽快予以消除。

安全检查后的整改,必须坚持"三定"和"不推不拖",避免危险因素长期存在而危及人的安全。

"三定"是对安全检查后发现的危险因素的态度。"三定"即为定具体整改责任人,定解决与改正的具体措施,定消除危险因素的整改时间。在解决具体的危险因素时,凡借用自己的力量能够解决的,不推脱、不等不靠,坚决组织整改。自己解决有困难时,应积极主动寻找解决办法,争取外界支援,以尽快整改。不把整改的责任推给上级,也不拖延整改时间,以尽量快的速度把危险因素消除。

6)安全管理的措施

(1)落实安全生产制度,实施责任管理

① 坚决贯彻执行"安全第一,预防为主"的方针,坚持管生产的同时必管安全检查的原则。建立健全项目部各级人员的安全生产责任制,责任明确,落实到人。

② 建立、完善以项目经理为首的安全生产领导组织。有组织、有领导地开展安全管理活动,承担组织、领导安全生产的责任。

③ 施工项目应通过监察部门的安全生产资质审查,并得到认可。一切从事生产管理与操作的人员,依照其从事的生产内容,分别通过企业、施工项目的安全审查取得安全操作认可证,持证上岗。特种作业人员,除经企业的安全审查外,还需按规定参加安全操作考核,取得监察部门核发的《安全操作合格证》,坚持"持证上岗"。施工现场出现特种作业无证操作现象时,施工项目必须承担管理责任。

④ 项目部建立定期安全检查制度,并配备专职安全员,负责施工现场的日常安全管理工作和巡回监督检查工作,负责安全预防措施。

⑤ 施工项目负责施工生产中物的状态审验与认可,承担物的状态漏验、失控的管理责任并接受由此而出现的经济损失。

⑥ 一切管理、操作人员均需与施工项目签订安全协议,向施工项目做出安全保证。

⑦ 安全生产责任落实情况的检查,应认真、详细地记录,作为分配、补偿的原始资料之一。

⑧ 现场悬挂安全生产宣传标语,张贴有关安全标牌以示提醒。

⑨ 施工现场设置的安全防护设施未经许可,任何人不得擅自拆除

⑩ 施工现场配备足够的防护眼镜、口罩、安全帽等劳防用品,以确保施工人员的人身安全。

(2)安全教育与训练

① 一切管理、操作人员应具有一定的基本条件与较高的素质。

a. 具有合法的劳动手续。临时性人员须正式签订劳动合同,接受入场教育后才可进入施工现场和劳动岗位。

b. 没有痴呆、健忘、精神失常、癫痫、脑外伤后遗症、心血管疾病、眩晕，以及不适于从事操作的疾病。

c. 没有感官缺陷，感性良好。有良好的接受、处理、反馈信息的能力。

d. 具有适于不同层次操作所必需的文化。

e. 输入的劳务人员，必须具有基本的安全操作素质。经过正规训练、考核，输入手续完善。

② 安全教育、训练。包括知识、技能、意识三个阶段的教育。

a. 安全知识教育。使操作者了解、掌握生产操作过程中潜在的危险因素及防范措施。

b. 安全技能训练。使操作者逐渐掌握安全生产技能，获得完善化、自动化的行为方式。减少操作中的失误现象。

c. 安全意识教育。目的在于激励操作者自觉坚持实行安全技能。

（3）安全教育的内容随实际需要而确定

① 新工人入场前应完成三级安全教育。对学徒工、实习生的入场三级安全教育，重点偏重一般安全知识、生产组织原则、生产环境、生产纪律等，强调操作的非独立性。对季节工、农民工的三级安全教育，以生产组织原则、环境、纪律、操作标准为主。两个月内安全技能不能达到熟练的，应及时解除劳动合同，废止劳动资格。

② 结合施工生产的变化，适时进行安全知识教育。一般每十天组织一次。

③ 结合生产组织安全技能训练，干什么训练什么，反复训练、分步验收。以达到出现完善化、自动化的行为方式。

④ 安全意识教育的内容不易确定，应随安全生产的形势变化确定阶段教育内容。可结合发生的事故增强安全意识，坚定掌握安全知识与技能的信心，接受事故教训的教育。

⑤ 受季节自然变化影响时，针对由于这种变化而出现生产环境、作业条件的变化进行教育，其目的在于增强安全意识，控制人的行为，尽快适应变化，减少人为失误。

⑥ 采用新技术，使用新设备、新材料，推行新工艺之前，应对有关人员进行安全知识、技能、意识的全面安全教育，激励操作者实行安全技能的自觉性。

（4）加强教育管理，增强安全教育效果

① 教育内容全面，重点突出，系统性强，抓住关键反复教育。

② 反复实践，养成自觉采用安全操作方法的习惯。

③ 使每个受教育的人了解自己的学习成果。鼓励受教育者树立坚持安全操作方法的信心，养成安全操作的良好习惯。

④ 告诉受教者怎样做才能保证安全，而不是不应该做什么。

⑤ 奖励促进，巩固学习成果。

⑥ 进行各种形式、不同内容的安全教育,应把教育的时间、内容等清楚地记录在安全教育记录本或记录卡上。

7) 安全防火管理措施

(1) 加强安全防火意识,增强安全防火责任心,进行规范化操作。严禁在禁火区(施工场地、仓库等)吸烟及使用明火。

(2) 现场要有明显的防火宣传标志。每月对职工进行一次治安、防火教育,培训义务消防队。定期组织保卫、防火工作检查,建立保卫、防火工作档案。

(3) 施工现场必须设置消防车道,其宽度不得小于 3.5 m。消防车道不能为环行,应在适当地点修建回转车辆场地。

(4) 因施工需要搭设临时建筑,应符合防盗、防火要求,不得使用易燃材料。城区内的施工一般不准支搭木板房。必须支搭时,需经消防监督机关批准。幢与幢距离,城区不少于 5 m,郊区不少于 7 m。

(5) 工程内不准作为仓库使用,不准存放易燃、可燃材料,因施工需要进入工程内的可燃材料,要根据工程计划限量进入并应采取可靠的防火措施。工程内不准住人,特殊情况需要住人的,要报经上级机关批准并与建设单位签订协议,明确管理责任。

(6) 氧气瓶、乙炔瓶(罐)工作间距不少于 5 m,两瓶同时明火作业距离不小于10 m。禁止在工程内使用液化石油气"钢瓶"、乙炔发生器作业。

(7) 对现场的木花,木屑等易燃物,每天清除干净,对损坏的闸刀、插头、插座等及时调换。

(8) 对油漆等易燃品应严格收发制度,仓库内禁止使用日光灯、碘钨灯照明,在显眼易取处放置灭火器及黄沙箱。

(9) 要经常宣传用电安全知识,工地的电气设备不得超负荷运行,线路不得超容量使用,发现绝缘层发热发烧现象,立即切断电源,查出原因,进行整改,确保无火灾、无触电事故发生。

(10) 在进行油漆作业时,严禁使用碘钨灯照明。

(11) 凡需要动用电焊等明火作业的,必须要得到工地负责人的同意,并切实做好周围的安全、防火工作,特别是木花、木屑等易燃物一定要清除后才能进行作业。

(12) 在建工程要坚持防火安全交底制度。特别是在进行电气焊、油漆粉刷或从事防水等危险作业时,要有具体防火要求。

(13) 电、气焊工作人员均应受专门培训,持证上岗。作业前办理用火手续,并配备适当的看火人员,随身应带灭火器具。吊顶内安装管道,应在吊顶易燃材料装上之前完成焊接作业。因工程特殊需要必须在顶棚内进行电、气焊作业时,应先与消防部门商定妥善防火措施后方可施工。

8)施工现场临时用电管理措施

为了保证施工的正常进行,保障工人的人身安全,对工程施工现场临时用电规定如下:

(1)施工用电必须严格执行国家颁发的《施工现场临时用电安全技术规范》。

(2)施工临时用电设施的安全、维修、改动或拆除必须由电工主管安排电工进行,其他施工人员不得擅自处理,严禁乱拉乱接电源。

(3)各类施工用电机具在使用前必须检查其电气装置和保护设施是否完好,严禁设备带病运转。

(4)搬迁、移动、拆除或维修施工用电机具必须切断电源并妥善处理后进行,严禁带电作业。

(5)由维修电工进行现场临时施工用电设施安全检查,及时处理不安全因素,在故障没有处理前,严禁重新合闸。

(6)现场电气设施严禁超载使用。

(7)现场设置的开关箱1.8 m的范围内严禁堆置可燃物质。

(8)使用电气机具的操作人员严禁赤膊、赤足作业。

(9)所有用电施工机具的电缆拖线必须保证绝缘完好,严禁使用绝缘破坏的电线、电缆。

(10)用电施工机具的连接线头必须配置安全插头,严禁采用裸线直接插接。施工电缆、地拖线均要求悬挂或沿墙敷设。

(11)在潮湿环境使用的用电施工机具必须加接保护线。

(12)施工现场照明灯具悬挂高度不低于2.4 m,特殊场合不得低于2 m,严禁非电工人员移动灯具。在天棚内施工照明应采用手提式应急照明灯具。

(13)电工须经专门培训,持供电局核发的操作许可证上岗,非电气操作人员不准擅动电气设备。电动机械发生故障要找电工维修。

12.8　环境保护、文明施工管理

1)环境保护管理措施

(1)实行环保目标责任制

把环保指标以责任书的形式层层分解到施工队长、工班长和个人,列入承包合同和岗位责任制,建立一支懂行善管的环保自我监控体系。

项目经理是环保工作的第一责任人,是施工现场环境保护自我监控体系的领导者和责任者。要把环保政绩作为考核项目经理的一项重要内容。

(2)加强检查和监控工作

要加强检查,加强对施工现场粉尘、噪声、废气的监测和监控工作。要与文明施工现场管理一起检查、考核、奖罚。及时采取措施消除粉尘、废气和污水的污染。

(3)保护和改善施工现场的环境,要进行综合治理

一方面施工单位要采取有效措施控制人为噪声、粉尘的污染和采取技术措施控制烟尘、污水、噪声污染。另一方面,建设单位应该负责协调外部关系,同当地居委会、村委会、办事处、派出所、居民、施工单位、环保部门加强联系。要做好宣传教育工作,认真对待来信来访,凡能解决的问题立即解决,一时不能解决的扰民问题也要说明情况,求得谅解并限期解决。

(4)要有技术措施,严格执行国家的法律、法规

在编制施工组织设计时,必须有环境保护的技术措施。在施工现场平面布置和组织施工过程中都要执行国家、地区、行业和企业有关防治空气污染、水源污染、噪声污染等环境保护的法律、法规和规章制度。

(5)采取措施防止大气污染

① 施工现场垃圾渣土要及时清理出现场。高层建筑物和多层建筑物清理施工垃圾时,要搭设封闭式专用垃圾道,采用容器吊运或将永久性垃圾道随结构安装好以供施工使用,严禁凌空随意抛撒。

② 袋装水泥、白灰、粉煤灰等易飞扬的细颗粒体材料,应库内存放。室外临时露天存放时,必须下垫上盖,严密遮盖以防止扬尘。

散装水泥、粉煤灰、白灰等细颗粉状材料以应存放在固定容器(散灰罐)内,没有固定容器时,应设封闭式专库存放,并具备可靠的防扬尘措施。

运输水泥、粉煤灰、白灰等细颗粒粉状材料时,要采取遮盖措施,防止沿途遗洒、扬尘。卸运时,应采取措施,以减少扬尘。

③ 除设有符合规定的装置外,禁止在施工现场焚烧油毡、橡胶、塑料、皮革、树叶、枯草、各种包皮等以及其他会产生有毒、有害烟尘和恶臭气体的物质。

④ 拆除旧有建筑物时,应适当洒水,防止扬尘。

(6)防止水源污染措施

① 现场存放油料,必须对库房地面进行防渗处理。如采用防渗混凝土地面,铺油毡等。使用时,要采取措施,防止油料跑、冒、滴、漏,污染水体。

② 施工现场100人以上的临时食堂,污水排放时可设置简易有效的隔油池,定期掏油和杂物,防止污染。

③ 工地临时厕所、化粪池应采取防渗漏措施。中心城市施工现场的临时厕所

可采取水冲式厕所,蹲坑上加盖,并有防蝇、灭蛆措施,防止污染水体和环境。

④ 药品、外加剂等要妥善保管,库内存放,防止污染环境。

(7) 防止噪声污染措施

① 严格控制人为噪声,进入施工现场不得高声喊叫、乱吹哨,限制高音喇叭的使用,最大限度地减少噪声扰民。

② 凡在人口稠密区进行强噪声作业时,须严格控制作业时间,一般晚 10 点到次日早 6 点之间停止强噪声作业。确系特殊情况必须昼夜施工时,尽量采取降低噪音措施,并会同建设单位找当地居委会、村委会或当地居民协调,出安民告示,求得群众谅解。

③ 从声源上降低噪声。这是防止噪声污染最根本的措施:

a. 尽量选用低噪声设备和工艺代替高噪声设备与加工工艺。

b. 在声源处安装消声器消声。

④ 在传播途径上控制噪声。采取吸声、隔声、隔振和阻尼等声学处理的方法来降低噪声。

a. 吸声:吸声是利用吸声材料(如玻璃棉、矿渣棉、毛毡、泡沫塑料、吸声砖、木丝板、甘蔗板等)和吸声结构(如穿孔共振吸声结构、微穿孔板吸声结构、薄板共振吸声结构等)吸收通过的声音,减少室内噪声的反射来降低噪声。

b. 隔声:隔声是把发声的物体、场所用隔声材料(如砖、钢筋混凝土、钢板、厚木板、矿棉被等)封闭起来与周围隔绝。常用的隔声结构有隔声间、隔声机罩、隔声屏等。有单层隔声和双层隔声结构两种。

c. 隔振:隔振,就是防止振动能量从振源传递出去。隔振装置主要包括金属弹簧、隔振器、隔振垫(如剪切橡皮、气垫)等。常用的材料还有软木、矿渣棉、玻璃纤维等。

d. 阻尼:阻尼就是用内摩擦损耗大的一些材料来消耗金属板的振动能量并变成热能散失掉,从而抑制金属板的弯曲振动,使辐射噪声大幅度地削减。常用的阻尼材料有沥青、软橡胶和其他高分子涂料等。

2) 文明施工管理措施

文明施工是现代化施工的一个重要标志。文明施工的措施是落实文明施工标准,实现科学管理的重要途径。

(1) 组织管理措施

① 健全管理组织。施工现场应成立以项目经理为组长,生产、技术、质量、安全、消防、保卫、材料、环保、行政卫生等管理人员为成员的施工现场文明施工管理组织。

② 健全管理制度

a. 个人岗位责任制：文明施工管理应按专业等分片包干，分别建立岗位责任制度。项目经理是文明施工的第一责任人，全面负责整个施工现场的文明施工管理工作。施工队长、工班长等负责本单位的文明施工管理工作。施工现场其他人员一律责任分工，实行个人岗位责任制。

b. 经济责任制：把文明施工列入单位经济承包责任制中。

c. 检查制度：工地每月组织两次综合检查。要按专业、标准全面检查，按规定填写表格，算出结果，制表以榜公布。

施工现场文明施工检查是一项经常性的管理工作，可采取综合检查与专业检查相结合，定期检查与随时抽查相结合，集体检查与个人检查相结合等方法。

班、组实行自检、互检、交接检制度。要做到自产自清、日产日清、工完场清、标准管理。

d. 奖惩制度：文明施工管理实行奖惩制度。要制定奖罚细则，坚持奖惩兑现。

e. 持证上岗制度：施工现场实行持证上岗制度。

f. 会议制度：施工现场应坚持文明施工会议制度，定期分析文明施工情况，针对实际情况制定措施，协调解决文明施工问题。

g. 各项专业管理制度。文明施工是一项综合性的管理工作。因此，除文明施工综合管理制度外，还应建立健全质量、安全、消防、保卫、机械、场容、卫生、料具、环保、民工管理等制度。这些专业管理制度中都应有文明施工内容。

③ 健全管理资料

a. 上级关于文明施工的标准、规定、法律法规等资料应齐全。

b. 施工组织设计（方案）中应有质量、安全、保卫、消防、环境保护技术措施和对文明施工、环境卫生、材料节约等管理要求，并有施工各阶段施工现场的平面布置图和季节性施工方案。

施工组织设计方案应有编制人、审批人签字及审批意见。补充、变更施工组织设计应按规定办好有关手续。

c. 施工现场应有施工日志。施工日志中应有文明施工内容。

d. 文明施工自检资料应完整，填写内容符合要求，签字手续齐全。

e. 文明施工教育、培训、考核记录均应有计划、资料。

f. 文明施工应有活动记录，如会议记录、检查记录等。

g. 施工管理应有各方面专业资料。

④ 开展竞赛。现场各个专业施工队伍之间应开展文明施工竞赛活动。竞赛形式多样，并与检查、考评、奖惩相结合，竞赛评比结果张榜公布于众。

⑤ 加强教育培训工作。在坚持岗位练兵基础上，要采取派出去、请进来、短期

培训、上技术课、登黑板报、广播、看录像、看电视等方法狠抓教育工作。要特别注意对民工的岗前教育工作。专业管理人员要熟悉掌握文明施工标准。

⑥ 积极推广应用新技术、新工艺、新设备和现代化管理方法,提高机械化作业程度。

文明施工是现代工业生产本身的客观要求,广泛应用新技术、新设备、新材料是实现现代化施工的必由之路,它为文明施工创造了条件,打下了基础。

(2)现场管理措施

① 整理:就是对施工现场现实存在的人、事、物进行调查分析,按照有关要求区分需要和不需要,合理和不合理,把施工现场不需要和不合理的人、事、物及时处理。

② 整顿:就是合理放置。通过上一步整理后,把施工现场所需要的人、机、物、料等按照施工现场平面布置图规定的位置,并根据有关法规、标准以及企业规定,科学合理地安排布置和堆码,使人才合理使用,物品合理放置,实现人、物、场所在空间上的最佳结合,从而达到科学施工,文明安全生产,培养人才,提高效率和质量的目的。

③ 清扫:就是要对施工现场的设备、场地、物品勤加维护打扫,保持现场环境卫生,干净整齐,无垃圾,无污物,并使设备运转正常。

④ 清洁:就是维持整理、整顿、清扫,是前三项活动的继续和深入。从而预防疾病和消除发生安全事故的根源,使施工现场保持良好的施工环境和施工秩序,并始终处于最佳状态。

⑤ 素养:就是努力提高施工现场全体职工的素质,养成遵章守纪和文明施工的习惯。调动全体职工的积极性,自觉管理,自我实施,自我控制,贯穿施工全过程。由现场职工自己动手,创造一个整齐、清洁、方便、安全和标准化的施工环境,使全体职工养成遵守规章制度和操作规程的良好习惯。

12.9 工程竣工验收管理

1)工程的竣工交验

(1)工程的竣工

装饰工程的竣工是指装饰工程项目按照要求和甲、乙双方签订的工程合同所规定的装饰施工内容全部完成,经验收鉴定合格,达到交付使用的条件。

竣工日期:甲方或监理单位核验为合格工程的签字日期。

(2)工程的交工

装饰工程交工是指竣工工程正式交付甲方使用。

交工日期:指竣工工程办理手续,交甲方使用的签字日期。

(3)交工验收的准备工作

① 完成收尾工作。

② 收集整理竣工验收资料。

③ 交工工程的预验收。

2)工程竣工验收的依据

装饰工程竣工验收的依据,除了必须符合国家规定的竣工标准之外,在进行工程竣工验收和办理工程移交手续时,还应以下列文件为依据。

(1)建设单位同施工单位签订的工程承包合同。

(2)工程设计文件(包括装饰工程施工图纸、设计文件、图纸会审记录、设计变更洽商记录、各种设备说明书、技术核定单、设计施工要求等)。

(3)国家现行的《建筑装饰装修工程质量验收规范》(GB 50210—2018)。

(4)相关的国家现行施工验收规范。

(5)甲、乙双方特别约定的装饰施工守则或质量手册。

(6)分部分项工程的质量检验评定表。

(7)有关施工记录和构件、材料合格证明文件。

(8)引进技术或进口成套设备的项目还应按照签订的合同和国外提供的设计文件等资料进行验收。

(9)上级主管部门的有关工程竣工的文件和规定。

(10)凡属施工新技术,还应按照双方签订的合同书和提供的设计文件进行验收。

3)工程竣工验收资料

(1)竣工工程项目一览表。包括竣工工程名称、位置、结构、层次、面积和附属设备、装置等。

(2)图纸会审记录。

(3)材料代用核定单。

(4)施工组织方案和技术交底资料。装饰工程施工组织方案应内容齐全,审批手续完备。如有较大的施工措施变动和工艺变动,要编入交工验收资料。

技术交底包括设计交底、施工组织设计交底、主要分项工程施工技术交底、合同要点交底等。各项交底要有正式书面文字记录和双方签认手续。

(5)材料、构配件、成品出厂证明和检验报告。装饰材料、材料半成品、成品均有出厂质量合格证,标明出厂日期。

合格证和检验报告的抄件或复印件应注明原件存放单位,并附抄件人签字和按抄件(复印件)单位印章。

门(窗)框、门(窗)扇、石材、瓷砖除要有出厂质量合格证外,还应附有现场检验报告。

防火材料要有国家批准的合格证书和消防部门的使用许可证;防水材料要有合格证或试验报告;水泥出厂要有合格证或试验报告;焊接要有试验报告和焊条合格证书;钢材出厂要有合格证及试验报告。

(6) 施工记录。冬季贴瓷砖及石材应有测温记录;冬季油漆施工和喷涂应有测温记录;贴墙纸(布)要有基层含水率记录;浴室、厕所、地下室等有防水要求的房间,要有 24 h 以上蓄水试验记录,并附验收手续;工程质量事故的发生和处理记录,包括事故报告、处理方案和实施记录。

(7) 装饰施工试验报告。粘贴壁纸(布)的胶水、贴瓷砖的砂浆若在现场自行配制,应经过试贴确定配比。试验报告注明组成的材料和配比,并说明试验结果,由甲方签字确认。

(8) 预检记录。包括现场基准点、楼层基准线、预留孔洞和预埋件位置的检查记录。

(9) 隐检记录。泛指轻质隔断墙、吊顶、壁纸、地毯、防水等项目的隐检记录。

(10) 装饰工程质量检验评定资料。包括所有分项工程应有的质量评定表及分部工程评定表。

(11) 交竣工验收书。交竣工验收书是指装饰工程施工单位(承包方)、建设单位(发包方)和设计单位(设计)三方签认的竣工验收单,送质量监督部门进行核验,合格后签发的核定书。

(12) 设计变更、洽商记录。设计变更、洽商记录应由设计单位、施工单位和建设单位三方代表签证,经过洽商可由装饰工程施工单位和建设单位两方代表签证。

分包工程有关设计变更和洽商记录应通过装饰总承包单位办理。

设计变更、洽商记录按签证日期先后顺序编号,做到齐全、完整。

(13) 竣工图。凡原施工图无变更的,可在新的原施工图上加盖"竣工图"标志后作为竣工;有变更的应重新绘制竣工图。

(14) 施工日记及封面、总目录。

4) 竣工验收工作的程序

(1) 竣工自检(亦称竣工预验)

① 施工方首先组织自检。一方面检查工程质量,发现问题及时补救;另一方向检查竣工图及技术资料是否齐全,并汇总、整理有关技术资料。

② 自检的标准应与正式验收一样,主要依据是:国家(或地方政府主管部门)

规定的竣工标准,工程完成情况是否符合施工图纸和设计的使用要求;工程质量是否符合国家和地方政府的标准和要求;工程是否达到合同规定的要求和标准等。

③ 参加自检的人员,应由项目经理组织生产、技术、质量、合同、预算以及有关的施工负责人等共同参加。

④ 自检的方式应分层分段、分房间地由上述人员按照自己主管的内容根据施工图和工艺流程逐项进行检查,找出漏项和需修补工程,及时处理和返修。在检查中要做好记录,并指定专人负责,定期修理完毕,如发现较重大的工程质量问题,无论是设计原因或施工原因,均需在初验会议上研究并提出处理方案。

⑤ 复验。在基层施工单位自检的基础上,并对已查出的问题全部修补完毕以后,通过复验解决全部遗留问题,为正式验收做好充分的准备。

(2)正式验收

① 施工单位应于正式竣工验收之日的前 10 d,向建设单位发《竣工验收通知书》。

② 装饰工程施工单位向建设单位递交竣工资料。

③ 建设单位组织装饰工程施工单位和设计单位对工程质量进行检查验收。

a. 集中会议,介绍工程概况及装饰施工的有关情况。

b. 分组分专业进行检查。

c. 再集中分组汇报检查情况。

d. 提出验收意见,评定质量等级,明确具体交接时间、交接人员。

④ 签发《竣工验收证明书》并办理工程移交。在建设单位验收完毕并确认工程符合竣工标准和合同条款规定要求以后,即应向施工单位签发《竣工验收证明书》。建设单位、监理单位、设计单位、质量监督站、施工单位及其他有关单位在《竣工验收证明书》上签字。

⑤ 装饰工程施工单位与建设单位签订交接验收证明书,并根据承包合同的规定办理结算手续,除合同注明的由承包方承担的保修工作外,双方的经济、法律责任即可解除。

⑥ 在交工过程中发现需返修或补做的项目,可在交工验收证明书或其附件上注明修竣期限。

⑦ 进行工程质量评定。

⑧ 办理装饰工程档案资料移交。

⑨ 办理装饰工程移交手续。

5)竣工资料的归档

凡是移交的工程档案和技术资料,必须做到真实、完整、有代表性,能如实地反映工程和施工中的情况。这些档案资料不得擅自修改,更不得伪造。同时,凡移交的档案资料,必须按照技术管理权限,经过技术负责人审查签认;对曾存在的问题,评语要确切,经过认真的复查,并做出处理结论。

装饰工程档案移交时,要编制《装饰工程档案资料移交清单》,双方按清单查阅清楚。移交后,双方在移交清单上签字盖章。移交清单一式两份,双方各自保存一份,以备查对。

12.10 工程保修期内的管理

1)保修范围、期限与费用

(1)装饰工程保修的范围

① 国家规定的和协议条款约定的项目。

② 竣工验收的范围。

a. 由于装饰工程施工单位的责任,特别是由于装饰工程施工质量不良而造成的问题。

b. 由于用户使用不当而造成的装饰功能与效果不良或损坏者,不属于保修范围。

(2)保修期限

自竣工验收合格之日起计算,除特殊约定外,装饰工程保修期限为两年。

(3)保修书的内容

承包方应当在工程竣工验收之前,与发包方签订质量保修书,作为合同的附件。其主要内容一般包括:工程简况、保修范围和内容;质量保修期限;质量保修责任;质量保修金的支付方法;保修情况记录。此外,保修书还应附有保修单位(即承包方)的名称、详细地址、电话、联系接待部门和联系人,以便于甲方联系。

(4)保修费用

① 装饰工程保修金通常按合同价款的一定比率(根据工程大小不同、类型不同,由甲、乙双方自行商定,一般为工程总造价的5%左右),在甲方应付工程款内预留。甲方在保修期满后20天内结算,将剩余保修金和按协议条款约定的利率计算的利息一起退还给装饰工程施工单位,不足部分由装饰工程施工单位支付。

② 保修期间,装饰工程施工单位在接到修理通知之日后7天内必须派人修理,否则业主可委托其他单位或人员修理,其费用在保修金内扣除。

③ 因装饰工程施工单位原因造成返修的费用,业主在保修金内扣除,不足部分由施工单位支付。因业主原因造成返修的经济支出由业主承担。

④ 大型装饰工程项目,若规定由建设银行代收质量保证金,业主不得再擅自留存。保修期满,由建设单位出具证明,建设银行退还保修金本息。

2) 保修的一般做法

(1) 发送装饰工程保修证书

在工程竣工验收之前,由装饰工程施工单位向业主发送《装饰工程保修证书》。

(2) 要求检查和修理

在保修期内,业主发现使用功能不良,且是由于装饰施工质量而影响使用的情况,通知施工单位,要求派人前往检查修理。装饰工程施工单位必须尽快派人前往检查,并会同甲方共同做出鉴定,提出修理方案,并尽快组织人力物力进行修理。

(3) 验收

在发生问题的部位或项目修理完毕以后,要在保修证书的"保修记录"栏内做好记录,并经甲方验收签认,以表示修理工作完结。

(4) 经济责任的处理

由于装饰工程情况比较复杂,不像其他商品单一性强,有些修理项目往往是由多种原因造成的。因此,在经济责任处理上必须根据修理项目的性质、内容以及结合检查修理诸种原因的实际情况,由甲方和施工单位共同商定经济处理办法,一般有以下几种:

① 修理项目确属装饰工程施工单位施工责任造成的或遗留的隐患,则由装饰工程施工单位承担全部检修费用。

② 修理项目是由于甲方和装饰工程施工单位双方的责任造成的,双方应实事求是地共同商定各自承担的修理费用。

③ 修理项目是由于甲方的设备、材料、成品、半成品等质量不好等原因造成的,则应由甲方承担全部修理费用。

④ 涉外装饰工程的保修问题,除按照上述办法修理外,还应依照原合同条款的有关规定执行。

3) 工程回访

《建设工程项目管理规范》规定回访可采取以下方式:

(1) 电话询问、会议座谈、半年或一年的例行回访。

(2) 夏季重点回访屋面及防水工程和空调工程,冬季重点回访采暖工程。

(3) 对施工过程中采用了新材料、新技术、新工艺、新设备的工程,回访使用效果或技术状态。

(4) 特殊工程的专访。

施工单位的管理部门负责组织回访用户的工作,可采用电话询问、登门拜访、会议座谈等多种形式,搞好回访的服务工作,履行服务承诺,做好记录并提交预防措施。

根据回访计划安排,可采取灵活多样的回访工作方式:

① 例行性回访。按回访工作计划的统一安排,对已交付竣工验收并在保修期限内的工程例行回访,一般半年或一年进行一次,广泛收集用户对工程质量的反映。

② 季节性回访。主要是针对具有季节性特点、容易造成负面影响、经常发生质量问题的工程部位进行回访。

③ 技术性回访。主要了解在装饰工程施工过程中所采用的新材料、新工艺、新技术等的技术性能和使用后的效果,发现问题及时加以补救和解决。了解有无施工质量缺陷或使用不当造成的损坏等问题,认真负责地解答用户提出的问题,必要时可分发一些资料,进行维护知识的宣传教育。这种回访便于总结经验,获取科学依据,不断改进和完善,并为进一步推广创造条件。此回访可以定期进行,也可以不定期进行。

④ 专题性回访。对某些特殊工程、重点工程、有影响的工程应组织专访,可将服务工作往前延伸,一般由项目经理部自行组织,包括交工前对发包人的访问和交工后对使用人的访问,听取他们的意见,为其提供跟踪服务,满足他们提出的合理要求,改进服务方式和质量管理。

4)使用与保养的建议和说明

工程竣工交付使用后,根据工程特点用书面方式提供《装饰房屋使用维护说明书》,指导甲方如何清洁、操作和使用工程内各种设施,提出装饰工程各个部分需要定期保养、定期清洁的基本要求和建议,并对机电设备使用的限制和对装饰产品影响可能发生的情况进行说明,例如,空调的使用不能第一次开足冷热气,根据本地区的湿度,大量装饰面均处在环境变化的状态,第一次空调的使用正确与否将严重影响装饰面的质量效果。正确空调开机方式是:开启三天的新风,逐步排除室内湿度,让装饰面材料适应变化和扩展应力,然后再逐天上升或下降至正常温度范围。空调的两大特点:一是改变室内温度,二是降低湿度。室内的温差湿度变化时引起材料剧烈热胀冷缩,会将细木制品、石材制品、墙体破坏,细木制品接头处出现裂缝,石材制品会起鼓,墙体(非拼接部分)出现裂缝等现象。由于设备操作使用不当产生的问题将严重降低饰面质量、外观效果和使用寿命。另如,卷帘门的开启,停电时如何采用手工操作,如何防止不当出轨等常识性问题。细木表面的油漆,在装饰工程中大多采用硝基清漆,每两个月采用碧丽珠喷擦,可以起到保护作用,增加使用寿命,维护亚光饰面效果。浅色石材在使用保养过程中切莫用水拖,因为有些浅色石材怕水,在清洁时最好用干净抹布去除污物,然后用长条拖把擦净。一般硬度大于75度的花岗石表面光洁度耐磨,只要日常保持表面干净,不失表面光洁度,可充分显示花岗石自然花纹。不同品种材料饰面适用不同性质的清洁剂,在使用过程中必须有所规定,这将会给物业管理带来相当的方便。

复习思考题

1. 装饰工程施工管理的依据有哪些?
2. 装饰工程施工准备包括哪些主要内容?
3. 工期保证措施有哪些?
4. 施工组织管理的主要内容有哪些?
5. 施工过程管理的主要内容有哪些?
6. 协调管理措施主要内容有哪些?
7. 技术保证管理措施包括哪些主要内容?
8. 质量保证管理措施包括哪些主要内容?
9. 安全生产保证措施包括哪些主要内容?
10. 安全检查方法有哪些?
11. 安全管理的措施有哪些?
12. 安全防火管理措施有哪些?
13. 现场临时施工用电管理措施有哪些?
14. 环境保护管理措施有哪些?
15. 文明施工管理措施有哪些?
16. 工程竣工验收资料有哪些?
17. 竣工验收工作的程序有哪些?
18. 简述保修范围、期限。

附　机电实验中心装修工程施工组织设计方案

室内装饰工程施工组织设计实例

第一章　概述

1）工程概况

机电实验中心装修工程位于某市某高校,主体为框架结构。装修工程分为液压实验楼、采机实验室、测功实验室、综合办公楼等,建筑面积约 2 050 m²。根据甲方美观、实用的要求和基地建筑及景观现状展开设计,并从行业经营实际需求出发,力求规范的同时考虑适当节约投资成本。

2）编制本施工组织设计方案的依据

（1）机电实验中心××××年×月××日发的《机电实验中心室内装修工程招标文件》。

（2）机电实验中心装饰工程施工图及装饰水电图各一套。

（3）中华人民共和国国家标准《建筑装饰装修工程质量验收规范》（GB 50210—2018）。

（4）中华人民共和国国家标准《建筑工程施工质量验收统一标准》（GB 50300—2013）。

（5）中华人民共和国国家标准《建筑内部装修设计防火规范》（GB 50222—2017）。

（6）机电实验中心××××年×月××日发的实验室装修设计施工图图纸答疑文件。

3）工期

按招标文件规定,开工日期定为××××年×月××日,工期为××日历天数,竣工日期为××××年×月××日。

4）工程质量等级

工程质量等级:合格。

工程质量符合国家现行施工验收规范标准。

5）主要用材

地砖、釉面砖、木质饰面板、各种规格木质线条、轻钢龙骨、玻璃、石膏板、铝塑板、墙纸、地毯、乳胶漆、自流平、地胶等。

第二章　施工组织设计与管理

1）奋斗目标

（1）工期：必须严格按合同工期如期完成，绝不拖延。充分发挥公司集团化优势，加强制度化管理，依靠先进的机械设备、精湛的技术，以业主的利益为重，争取工期内竣工，早日取得投资效益。

（2）质量：工程施工质量必须达到优良。争取达到优质样板工程，以优良的品质获得良好的信誉。

（3）安全生产：杜绝重大伤亡事故，严格按国家安全操作规程、施工用电技术规范及工地防火管理等有关制度执行，落实措施，规范施工。

（4）文明施工：以文明施工现场标准及有关规定管理施工现场，施工场地清洁、整齐，体现出良好的企业文化，反映出较高的企业管理水平。

2）施工组织管理形式

（1）根据机电实验中心的特点，组建一个强有力的工地工程指挥部，由国家一级项目经理担任该工程的项目经理。在公司的领导下，项目经理负责实施整个工程项目从开工到竣工交付使用全过程的施工管理，保证本工程的质量、工期、安全作业、文明施工得以全面实现。

（2）组织管理机构见附图1。

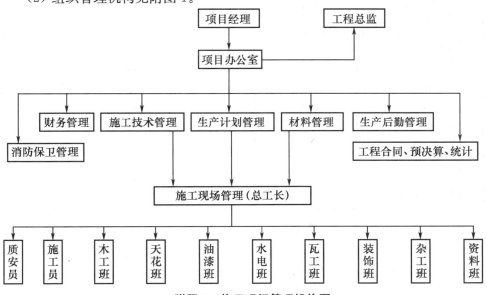

附图1　施工现场管理机构图

（3）施工管理人员配置表见附表1。

附表 1　施工管理人员配置表

序号	类别	姓名	职务	职称	身份证	主要资历及承担过的项目
1	项目经理		项目经理	经济师		
2	技术负责人		技术负责人	工程师		
3	施工员		施工员	工程师		
4	质量员		质量员	工程师		
5	技术员		技术员	助理工程师		
6	安全员		安全员	助理工程师		
7	材料员		计材员	助理工程师		
8	吊顶班长					
9	木工班长					
10	装饰班长					
11	瓦工班长					
12	天花班长					
13	油漆班长					
14	水电班长					

第三章　施工部署

1）现场平面布置图（附图 2）

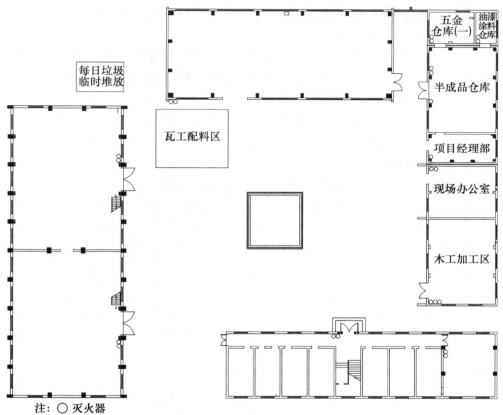

五金仓库(一)

油漆涂料仓库

每日垃圾临时堆放

半成品仓库

瓦工配料区

项目经理部

现场办公室

木工加工区

注：○ 灭火器

附图 2　现场平面布置图

2）　施工前准备工作

（1）现场按图测量定位放线。

（2）接临时水电设施。

（3）安排临时仓库、办公用地。

（4）图纸会审。

（5）编制单项施工计划。

（6）编制工程进度表。

（7）熟悉工程预算。

（8）材料供应计划。

（9）安排垂直运输。

3）材料组织

（1）本工程所需的主要材料，严格按设计要求挑选一级品的材料样板，经设计师及甲方认可签字后一式三份，一份工地自留，一份送甲方，一份交公司总工室备案，作为日后对材料验收的依据。

（2）材料采购采取优质、优价、货比三家的原则。严格把好材料质量第一关，统一颜色、统一纹理、统一规格、统一质量，货到验收检查，质量不合格品坚决退货。主要的材料要有质量合格证或商品检测报告。

（3）低值易耗品及现场急需零星材料由工地自行组织。

4）机械加工设备

主要施工机械设备一览表见附表2。

附表2　主要施工机械设备一览表

序号	机械或设备名称	型号规格	数量	产地	制造年份	额定功率/W	生产能力	备注
1	喜利得电锤	T15	8	香港	2000 年 3 月	652	100 个/h	
2	牧田电源锯	5103	5	昆山	1999 年 8 月	2 050	200 m/h	
3	日立云石锯	4100	10	广东	2000 年 4 月	1 050	80 m/h	
4	牧田曲线锯	4300	5	昆山	1999 年 7 月	650	100 m/h	
5	博士冲击钻	18—2	6	杭州	2000 年 6 月	550	120 个/h	
6	气枪	F30	15	广东	1999 年 7 月		3 m²/h	
7	气枪	F50	5	广东	1999 年 7 月		2.5 m²/h	
8	名匠蚊钉枪	621	5	广东	2000 年 1 月		3 m²/h	
9	气泵	25P	2	意大利	1997 年 9 月	2 200	20 m²/h	
10	日立手电钻	10MM	12	广东	1998 年 6 月	285	120 个/h	
11	角磨机	100	8	田岛	2000 年 2 月	650	25 m²/h	
12	电焊机	250	3	天津	1996 年 4 月	2 500	50 点/h	
13	良明压刨	AP—10	1	日本	1998 年 6 月	1 350	300 m/h	
14	捷顺砂纸机	9035	8	美国	1992 年 2 月	350	50 m²/h	
15	达美角度锯	255	5	中国台湾	1997 年 4 月	1 500	80 点/h	
16	砂轮切割机	三相	4	北京	1998 年 1 月	2 200	45 点/h	
17	气动拉铆枪		2	中国台湾	1996 年 2 月		120 个/h	

5) 劳动力的配置(附表 3)

附表 3　劳动力配置表

劳动力专业	计划总工量（工日）	计划工作日（天）	需安排劳动力人数		拟安排劳动力人数
			以 8 h/天计	以 12 h/天计	
瓦工					
木工、天花工					
油漆工、装饰工					
电工、后勤工					
合　计					

6) 现场施工流程图(附图 3)

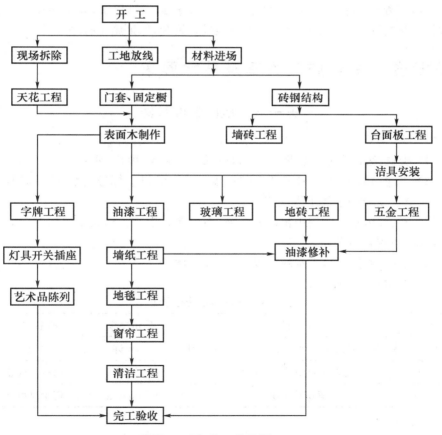

附图 3　现场施工流程图

7）专业配套及半成品加工

在施工立面初步成形后，各种专业配套的产品，如洁具、灯具、地砖等，开始订货。半成品的加工如不锈钢、玻璃等，成品加工如石线加工、木装饰线加工等都严格按设计要求、材质要求全面定制，并要对加工好的成品、半成品进行检查验收，使之达到预期的装饰效果。

8）各工种交叉配合与安排

在隐蔽工程验收之前，空调、消防、弱电、强电等各种专业工种交叉作业，穿插施工是同时存在、不可避免的。工地现场指挥部要根据隐蔽工程的动向，及时与各工种联系、密切配合，在隐蔽验收前把应该做好的工作做好，在封石膏板天花之前，书面通知各工种、监理部门及甲方，并取得签证。

9）资金的监控

为本工程设立单独账号，专款专用，在本工程施工过程中，公司根据工程进度及材料订货情况，集中控制资金，有计划地投入资金，保证施工有序进行。

第四章　主要施工方案及技术要求

第一节　地面铺设石材

1）材料要求

（1）板材：表面要求光洁明亮，无刀痕、旋纹、裂纹、掉角、翘曲。

（2）水泥：425 以上标号普通硅酸盐水泥或 425 以上标号白水泥，并具有产品质保书，结块变质的水泥不得使用。

（3）砂子：抹基层应用中粗砂并过筛，不得含有杂质。作黏结层用的中砂应用窗纱过筛，不得含有杂质。

（4）水：一般使用自来水或可以饮用的江河湖水。

（5）表面质量和检验方法见附表 4。

附表 4　表面质量检验方法

项次	项　目	质量要求	检验方法
1	裂痕、明显划伤和长度>100 mm 的轻微划伤	不允许	观察
2	长度≤100 mm 的轻微划伤	≤8 条	用钢尺检查
3	擦伤总面积	≤500 mm²	用钢尺检查

2）工艺流程

检验水泥、砂、大理石和花岗岩质量 → 试验 → 技术交底 → 试拼编号 → 准

备机具设备 → 找标高 → 基底处理 → 铺抹结合层砂浆 → 铺大理石和花岗岩养护 → 勾缝 → 检查验收。

3）操作工艺

（1）试拼编号：在正式铺设前，对每一房间的石材板块，应按图案、颜色、纹理试拼，将非整块板对称排放在房间靠墙部位，试拼后按两个方向编号排列，然后按编号码放整齐。

（2）找标高：根据水平标准线和设计厚度，在四周墙、柱上弹出面层的上平标高控制线。

（3）基层处理：把沾在基层上的浮浆、落地灰等用錾子或钢丝刷清理掉，再用扫帚将浮土清扫干净。

（4）排大理石和花岗岩：在房内相互垂直的方向铺两条干砂，其宽度大于板块，厚度不小于 3 cm。根据图纸把板块排好，以便检查缝隙，核对板块与墙面、柱、洞口等的相应位置。

（5）铺设结合层砂浆：根据水平线，定出地面找平层厚度，拉十字线，铺找平层，要求使用 1:2 的干硬性水泥砂浆。铺设前应将基底湿润，并在基底上刷一道水灰比为 0.4～0.5 的素水泥浆或界面结合剂，随刷随铺设搅拌均匀的干硬性水泥砂浆。

（6）铺大理石或花岗岩：一般房间应先里后外铺设，即先从远离门口的一边开始，按照试拼编号依次铺贴，逐步退至门口。在铺好的水泥砂浆上试铺合适后，翻开石板，浇一层水灰比 1:0.5 的素水泥浆，然后正式镶铺。镶铺时，板块四角应当同时水平下落，对准纵横缝后，用木槌轻敲振实，并用水平尺找平，如发现空隙应将石板掀起用砂浆补实再行安装。大理石板块之间接缝要严，不留缝隙。对于铜镶条的板块铺贴，先将两块板铺贴平整，缝隙略小于镶条宽度，对缝隙内灌抹水泥砂浆后抹平，用木槌将铜条敲入缝隙内，并且略高于板块平面，最后擦去溢出的砂浆。

（7）铺大理石或花岗岩时应先在房间中间按照十字线铺设十字控制板块，之后按照十字控制板块向四周铺设，并随时用 2 m 靠尺和水平尺检查平整度。大面积铺贴时应分段、分部位铺贴。

（8）如设计有图案要求时，应按照设计图案弹出准确分格线，并做好标记，防止差错。

（9）养护：当大理石或花岗岩面层铺贴完应养护，养护时间不得小于 7 d。

（10）勾缝：当大理石或花岗岩面层的强度达到可上人的时候（结合层抗压强度达 1.2 MPa），进行勾缝，用同种、同强度等级、同色的掺色水泥膏或专用勾缝膏。颜料应使用矿物颜料，严禁使用酸性颜料。缝要求清晰、顺直、平整、光滑、深浅一致,缝色与石材颜色一致。

(11)打蜡:板块镶铺 24 h 后,洒水养护 48 h,清水清洗表面,干燥后才可进行打蜡抛光。

(12)冬季施工时,环境温度不应低于 5 ℃。

4)质量要求

(1)大理石和花岗岩面层表面应洁净、平整、无磨痕,且应图案清晰、色泽一致,接缝平整,周边顺直,镶嵌正确,板块无裂纹、缺棱、掉角等缺陷。

(2)面层与下一层应结合牢固,无空鼓。

(3)面层表面的坡度应符合设计要求,不倒泛水、无积水;与地漏、管道结合处应严密牢固,无渗漏。

(4)踢脚线表面应洁净、高度一致、结合牢固,出墙厚度一致。

(5)楼梯踏步和台阶板块的缝隙宽度应一致、齿角整齐;楼层梯段相邻踏步高度差不应大于 10 mm;防滑条应顺直牢固。

第二节　轻钢龙骨固定面板顶棚施工工艺

1)工艺流程

顶棚标高弹水平线 → 吊杆安装 → 安装边龙骨 → 安装主龙骨 → 安装次龙骨 → 安装罩面板 → 安装压条。

2)施工工艺要点

(1)弹线:用水准仪在房间内每个墙(柱)角上抄出水平点(若墙体较长,中间也应适当抄几个点),弹出水准线(水准线距地面一般为 500 mm),从水准线量至吊顶设计高度加上 12 mm(一层石膏板的厚度),用粉线沿墙(柱)弹出水准线,即为吊顶次龙骨的下皮线。同时,按吊顶平面图,在混凝土顶板弹出主龙骨的位置。主龙骨应从吊顶中心向两边分,最大间距为 1 000 mm,并标出吊杆的固定点,吊杆的固定点间距 900～1 000 mm,如遇到梁和管道固定点大于设计和规程要求,应增加吊杆的固定点。

(2)固定吊挂杆件:采用膨胀螺栓固定吊挂杆件。不上人的吊顶,吊杆长度小于 1 000 mm,可以采用 $\phi6$ 的吊杆,如果大于 1 000 mm,应采用 $\phi8$ 的吊杆,还应设置反向支撑。吊杆可以采用冷拔钢筋和盘圆钢筋,但采用盘圆钢筋应用机械将其拉直。

(3)在梁上设置吊挂杆件:

① 吊挂杆件应通直并有足够的承载能力。当预埋的杆件需要接长时,必须搭接焊牢,焊缝要均匀饱满。

② 吊杆距主龙骨端部不得超过 300 mm,否则应增加吊杆。

③ 吊顶灯具、风口及检修口等应设附加吊杆。

(4) 安装边龙骨:边龙骨的安装应按设计要求弹线,沿墙(柱)上的水平龙骨线把 L 形镀锌轻钢条用自攻螺丝固定在预埋木砖上,如为混凝土墙(柱)上可用射钉固定,射钉间距应不大于吊顶次龙骨的间距。

(5) 安装主龙骨

① 将主龙骨通过垂直吊挂件与吊杆连接。主龙骨间距 900~1 000 mm。主龙骨分为不上人 UC38 小龙骨、上人 UC60 大龙骨两种。主龙骨宜平行房间长向安装,同时应起拱,起拱高度为房间短向跨度的 1/200~1/300。主龙骨的悬臂段不应大于 300 mm,否则应增加吊杆。主龙骨一般选用连接件接长也可以焊接,但宜点焊,连接件要错位安装。主龙骨挂好后应基本调平。

② 跨度大于 15 m 以上的吊顶,应在主龙骨上每隔 15 m 加一道大龙骨,并垂直主龙骨焊接牢固,以加强侧向稳定性及吊顶整体性。

③ 如有大的造型顶棚,造型部分应用角钢或扁钢焊接成框架,并应与楼板连接牢固。

(6) 安装次龙骨:次龙骨应紧贴主龙骨安装,在次龙骨与主龙骨的交叉布置点使用其配套的 T 形龙骨挂件,将二者上下连接固定,挂件的下部勾住次龙骨,上端搭在主龙骨上,将其 U 形或 W 形腿用钳子嵌入主龙骨内。次龙骨间距 300~600 mm。用 T 形镀锌铁片连接件把次龙骨固定在主龙骨上时,次龙骨的两端应搭在 L 形边龙骨的水平翼缘上,墙上应预先标出次龙骨中心线的位置,以便安装罩面板时找到次龙骨的位置。当用自攻螺丝钉安装板材时,板材接缝处必须安装在宽度不小于 40 mm 的次龙骨上。次龙骨不得搭接。在检修、通风、水电等洞口周围应设附加龙骨,附加龙骨的连接用拉铆钉铆固。

吊顶灯具、风口及检修口等应设附加吊杆和补强龙骨。

(7) 罩面板安装:纸面石膏板安装。

① 饰面板应在自由状态下固定,防止出现弯棱、凸鼓的现象;还应在棚顶四周封闭的情况下安装固定,防止板面受潮变形。

② 纸面石膏板的长边(即包封边)应沿纵向次龙骨铺设。

③ 自攻螺钉与纸面石膏板板边的距离,距包封边(即长边)以 10~15 mm 为宜,距切割边(即短边)以 15~20 mm 为宜。

④ 固定次龙骨的间距,一般不应大于 600 mm。

⑤ 钉距以 150~170 mm 为宜,螺丝应与板面垂直,已弯曲、变形的螺丝应剔除,并在相隔 50 mm 的部位另安螺丝。

⑥ 安装双层石膏板时,面层板与基层板的接缝应错开,不得在一根龙骨上。

⑦ 石膏板的接缝应留适当的缝口嵌腻子,在板缝处用刮刀将嵌缝腻子嵌密实,待干后再刮厚 3 mm、宽 50～60 mm 腻子,随即贴上防裂带,用刮刀顺着纸带方向刮压,使腻子均匀地挤动纸带,接缝处清理干净平滑。

⑧ 纸面石膏板与龙骨固定,应从一块板的中间向板的四边循序固定,不得多点同时作业。

⑨ 螺丝钉头宜略埋入板面,但不得损坏纸面,钉眼应作防锈处理并用石膏腻子抹平。

⑩ 拌制石膏腻子时,必须用清洁水和清洁容器。

3) 质量要求

(1) 钢骨架和罩面板的材质、品种、式样、规格应符合设计要求,在运输、储存及安装过程中做好保护,防止变形、污损、划痕。

(2) 吊顶龙骨必须牢固、平整。利用吊杆或吊筋螺栓调整拱度。安装龙骨时应严格按放线的水平标准线和规方线组装周边骨架。受力节点应装订严密、牢固,保证龙骨的整体刚度。龙骨的尺寸应符合设计要求,纵横拱度均匀,互相适应。吊顶龙骨严禁有硬弯,如有必须调直再进行固定。

(3) 吊顶面层必须平整。施工前应弹线,中间按平线起拱。长龙骨的接长应采用对接;相邻龙骨接头要错开,避免主龙骨向一边倾斜。龙骨安装完毕,应经检查合格后再安装饰面板。吊件必须安装牢固,严禁松动变形。龙骨分格的几何尺寸必须符合设计要求和饰面板块的模数。饰面板的品种、规格符合设计要求,外观质量必须符合材料技术标准的规格。

(4) 罩面板应表面平整、洁净、颜色一致,无污染,无脱层、翘曲、折裂、缺棱掉角等缺陷,安装必须牢固。

第三节　门窗套制作与安装施工工艺

1) 工艺流程

检查门窗洞口及预埋件 → 制作及安装木龙骨 → 装、钉面板。

2) 操作工艺

(1) 制作木龙骨

① 根据门窗洞口实际尺寸,先用木方制成木龙骨架。一般骨架分三片,两侧各一片。每片两根立杆,当筒子板宽度大于 500 mm 需要拼缝时,中间适当增加立杆。

② 横撑间距根据筒子板厚度决定。当面板厚度为 10 mm 时,横撑间距不大于 400 mm;板厚为 5 mm 时,横撑间距不大于 300 mm。横撑间距必须与预埋件间距位置对应。

③ 木龙骨架直接用圆钉钉成,并将朝外的一面刨光。其他三面涂刷防火剂与防腐剂。

(2) 安装木龙骨:首先在墙面做防潮层,可干铺油毡一层,也可涂沥青。然后安装上端龙骨,找出水平。不平时用木楔垫实打牢,再安装两侧龙骨架,找出垂直并垫实打牢。

(3) 装、钉面板

① 面板应挑选木纹和颜色相近的在同一洞口、同一房间。

② 裁板时要大于木龙骨架实际尺寸,大面净光,小面刮直,木纹根部朝下。

③ 长度方向需要对接时,木纹应通顺,其接头位置应避开视线范围。

④ 一般窗筒子板拼缝应在室内地坪 2 m 以上;门洞筒子板拼缝离地面 1.2 m 以下。同时接头位置必须留在横撑上。

⑤ 当采用厚木板时,板背面应做卸力槽,以免板面弯曲。卸力槽一般间距为 100 mm,槽宽 10 mm,深度 5～8 mm。

⑥ 板面与木龙骨间要涂胶。固定板面所用钉子的长度为面板厚度的 3 倍,间距一般为 100 mm,钉帽砸扁后钉进木材面层 1～2 mm。

⑦ 筒子板里侧要装进门、窗框预先做好的凹槽里。外侧要与墙面齐平,割角要严密方正。

3) 质量要求

(1) 门窗套制作与安装所使用材料的材质、规格、纹理和颜色、木材的阻燃性能等级和含水率、人造木板的甲醛含量应符合设计要求及国家现行标准的有关规定。

(2) 门窗套的造型、尺寸和固定方法应符合设计要求,安装应牢固。

(3) 门窗套表面应平整、洁净、线条顺直、接缝严密、色泽一致,不得有裂缝、翘曲及损坏。

第四节　地毯施工工艺

1) 工艺流程

检验地毯质量 → 技术交底 → 准备机具设备 → 基底处理 → 弹线套方、分格定位 → 地毯剪裁 → 钉倒刺板条 → 铺衬垫 → 铺地毯 → 细部处理收口 → 检查验收。

2) 操作工艺

(1) 基层处理:把沾在基层上的浮浆、落地灰等用錾子或钢丝刷清理掉,再用扫帚将浮土清扫干净。混凝土地面要平整,无凹凸不平的现象,凸起部分要用砂轮机磨平。对不平整度较严重的情况,如条件允许,用自流平水泥将地面找平为佳。木地板应注意钉头或其他凸起物,以防损坏地毯。

(2)弹线套方、分格定位:严格依照设计图纸对各个房间的铺设尺寸进行度量,检查房间的方正情况,并在地面弹出地毯的铺设基准线和分格定位线。活动地毯应根据地毯的尺寸,在房间内弹出定位网格线。

(3)地毯剪裁:根据放线定位的数据,在专门的室外平台上用裁边机下料,每段地毯长度应比房间长度大 20 mm。宽度要以裁去地毯边缘线后的尺寸计算。

(4)钉倒刺板条:沿房间四周踢脚边缘将倒刺板条牢固钉在地面基层上,倒刺板条应距踢脚 8~10 mm。

(5)铺衬垫:采用倒刺板固定地毯,一般要放泡沫波垫,将波垫采用点黏法黏在地面基层上,要离开倒刺板 10 mm 左右,防止拉伸地毯时影响倒刺板上的钉尖对地毯底面的勾结。

(6)铺设地毯:先将地毯的一条长边固定在倒刺板上,毛边掩到踢脚板下,用地毯撑子拉伸地毯,直到拉平为止;然后将另一端固定在另一边的倒刺板上,掩好毛边到踢脚板下。

(7)铺设地毯:先将地毯的一条长边固定在倒刺板上,毛边掩到踢脚板下,用地毯撑子拉伸地毯,直到拉平为止;然后将另一端固定在另一边的倒刺板上,掩好毛边到踢脚板下。一个方向拉伸完,再进行另一个方向的拉伸,直到四个边都固定在倒刺板上。在边长较长的时候,应多人同时操作,拉伸完毕时应确保地毯的图案无扭曲变形。

(8)铺活动地毯时应先在房间中间按照十字线铺设十字控制块,之后按照十字控制块向四周铺设。大面积铺贴时应分段、分部位铺贴。如设计有图案要求时,应按照设计图案弹出准确分格线,并做好标记,防止差错。

(9)当地毯需要接长时,应采用缝合或烫带黏结(无衬垫时)的方式,缝合应在铺设前完成,烫带黏结应在铺设的过程中进行,接缝处应与周边无明显差异。

(10)细部收口:地毯与其他地面材料交接处和门口等部位,应用收口条做收口处理。

3)质量要求

(1)地毯面层不应起鼓、起皱、翘边、卷边、显拼缝和露线,无毛边,绒面毛顺光一致,毯面干净,无污染和损伤。

(2)地毯表面应平服,拼缝处缝合粘贴牢固、严密平整、图案吻合。

(3)地毯同其他面层连接处、收口处和墙边、柱子周围应顺直、压紧。

第五节　乳胶漆施工工艺

1）工艺流程

基层处理 → 填补缝隙、局部刮腻子 → 轻质隔墙吊顶拼缝处理 → 满刮腻子 → 刷第一遍乳胶漆 → 复找腻子 → 砂纸打磨 → 刷第二遍乳胶漆。

2）操作工艺

（1）基层处理：混凝土墙及抹灰表面的浮砂、灰尘、疙瘩等要清除干净。

（2）填补缝隙、局部刮腻子：用石膏腻子将墙面缝隙及坑洼不平处分遍找平。操作时要横平竖直，填实抹平，并将多余腻子收净，待腻子干燥后用砂纸磨平，并把浮尘扫净。

（3）石膏板面接缝处理：接缝处应用嵌缝腻子填塞满，上糊一层玻璃网格布、麻布或绸布条，用乳液或胶粘剂将布条黏在拼缝上，黏条时应把布拉直、糊平，糊完后刮石膏腻子时要盖过布的宽度。

（4）满刮腻子：根据墙体基层的不同要求，刮腻子的遍数和材料也不同。一般情况为三遍。

（5）刷第一遍乳胶漆。

（6）复找腻子：第一遍浆干透后，对墙面上的麻点、坑洼、刮痕等用腻子重新复找刮平，干透后用细砂纸轻磨，并把粉尘扫净，达到表面光滑平整。

（7）刷第二遍乳胶漆。

3）质量要求

（1）选用乳胶漆的品种、型号、颜色、图案和性能应符合设计要求。

（2）残缺处应补齐腻子，砂纸打磨到位。应认真按照规程和工艺标准去操作。

（3）基层腻子应平整、坚实、牢固，无粉化、起皮和裂缝。

（4）涂刷均匀、黏结牢固，不得漏涂、透底、起皮和返锈。

第五章　施工过程管理

第一节　工程工期及其保证措施

1）本工程的工期目标承诺

本工程工期为 60 天。我公司严格执行《建设工程施工合同》（GF-2017-0201）专用合同条款第 7.5 条对施工工期的规定。如果由于我们自身的原因使得工期延误，愿按要求罚款，并赔偿一切损失。

2) 工期计划总体安排

根据工程项目情况、现场施工条件和我公司拟投入的各种资源准备,以及我公司在保证质量的前提下,快速施工的成熟经验及技术,本着科学、负责和积极的精神,结合施工图纸详细研究了各种施工方案,决定在规定工期内完成全部施工任务。在施工过程中,各工序必须紧密结合,严格按照施工进度计划组织实施,科学地进行工序穿插、流水作业,保证质量、缩短工期,优质地完成全部施工任务。

3) 工期保障措施

(1) 制订施工进度计划表(附表5)。为确保工程按期完工,开工前现场项目部编制施工进度计划表,报请业主和我公司总工程师认可,并积极协调各方面实际进度计划的实施,同时接受监理部全过程检查监督。

(2) 严格执行逐日进度计划并对比检查。根据总的施工进度,编制逐日进度计划,各施工班组每天上报当日工作计划完成情况日报表。工地现场项目部每天下班前半小时组织各班组验收质量及进度。每周末和旬末将各部位的完成情况,对照计划检查计划的执行情况,如有未完成的,必须认真分析未完工的原因,并制定补救措施,以保证工程的整体进度。

(3) 保证工期的协调管理措施:

① 同业主、监理公司的配合措施

a. 施工前十天内向业主提交全面完整的施工计划。

b. 按时参加业主、监理公司召开的会议,认真做好记录并组织实施。

c. 定期向业主、监理公司通报工程进度情况,并提出下步施工中需其他施工单位配合的事项。

d. 施工中出现的问题及时向业主通报,在征得业主同意的情况下,及时处理或修正,完成后将处理情况和结果报业主和监理公司。

e. 及时向业主、监理公司提交各种材料样板,报请业主选择、确认。

f. 积极配合业主、监理公司对施工质量的检查,并认真及时完成业主、监理公司的整改建议。

g. 按业主、监理公司要求报送各种资料、报表,对业主、监理公司下达的各项指令、通知、要求文件进行整理归纳,做好工程档案。工程竣工后,及时向业主提交完整的竣工资料。

h. 配合业主做好文明卫生城市的创建工作。

i. 按时完成业主、监理公司下达的其他各项指令。

j. 协助业主做好工地的安全保卫工作。所有材料工具运出工地应出具证明。工人进出施工现场全部佩戴工号牌,并遵守土建单位门卫制度。

附表 5　机电实验中心室内装饰工程施工进度计划表

序号	工序	\ 工作日	3	6	9	12	15	18	21	24	27	30	33	36	39	42	45	48	51	54	57	60
1	图纸深化设计																					
2	搭建临时设施、施工准备																					
3	现场放线																					
4	天花吊筋龙骨																					
5	地面找平																					
6	墙面龙骨基层制作																					
7	天花饰面板安装																					
8	墙面基层制作																					
9	天花批灰贴胶带																					
10	墙面饰面板安装																					
11	门窗及固定家具安装																					
12	木制作油漆																					
13	天花油漆、墙面裱糊																					
14	地面铺设面砖																					
15	地面铺设地毯																					
16	窗帘工程																					
17	全面检查找补																					
18	现场整理、清洁																					

k. 协助业主做好施工现场的文明、清洁卫生工作,所有材料指定地点堆放,施工垃圾派专人清理,并运到指定地点。

② 内部施工配合措施

a. 项目部根据工地的实际情况,对相关的施工组明确进度计划。

b. 各班组在每天的例会上提出需要其他班组配合的事项,若配合有困难,由项目部协调。

c. 在施工中发现需其他班组配合的事项,施工人员应及时商量,商量不成各自上报班组,在每天的例会中协调。如时间比较紧迫的,可直接报项目协调。

③ 具体措施

a. 提前订货,保证材料的及时供应。对于需请业主、监理公司认可的材料,提前报请业主和监理公司认可,经签字认可后立即组织订货。主要的材料按进场计划按时按量进入现场。

b. 施工班组配合,进行平面流水、立体交叉、穿插施工,加强同其他施工单位的协调、配合,保证各项目的及时开工。加强现场管理,在项目部统一协调下有条不紊,在互不影响的情况下平面流水、立体交叉、穿插施工。

c. 计划安排周密,配合协调及时。在施工中需业主、监理公司配合的事项,应事先书面向业主、监理公司提出。如业主供应材料的进场时间,施工方案的审批,隐蔽工程的验收、施工中的变更签证等。

在施工中需其他施工单位配合的事项,应事先书面通知施工单位需配合的事项,要求完成的内容、时间等,并报请业主、监理公司协调。

在施工中图纸同实际情况不符需变更设计的,应及时提出变更方案,供业主、监理公司、设计公司参考,以便及时拿出变更方案。

所有需其他施工单位配合的事项,应及时了解情况。对于可能影响施工进度的,应报请业主、监理公司协调解决。

d. 科学安排劳动力,签订工期保证书。根据预算工程量计算出各工种所需的劳动力,从优选择施工班组,提前组织落实。如果我公司中标,保证施工人员按计划进场,并在施工期间安排加班加点。

e. 使用先进机械设备,尽所能增加机械作业,减少手工操作。配备专门的机械班组,保证机械的完好性、运转性,不影响施工。

f. 能够加工制作的产品尽量在加工厂制作成成品或半成品,减少现场工作量,加快施工进度。

g. 把好质量关,减少返工。加强对各道工序的质量监督,严格执行"三检制",防止返工而影响工期,对因不按工艺施工、不按要求检验的,一经发现严肃处理。

第二节　工程质量及其保证措施

1）质量标准的承诺

本次工程质量标准为合格，如达不到标准愿交纳罚款，并整改至符合要求为止。因此在实际施工中，检查验收必须要求高，分部合格率必须达到98％，观感得分85分以上，质量保证资料必须齐全。全部达到合格工程验收标准，争取创优质精品工程。

2）严格执行规范、规程，建立质量保证体系

为使本装饰工程质量标准达到合格，我们要求施工人员必须严格按照设计图纸和有关设计文件，以及国家颁发的施工验收规范、质量评定标准和当地行业主管部门颁发的有关规定的文件要求进行施工，编制该工程项目的质量保证体系及质量保证措施。

3）实行全面质量管理

参照ISO9001系列国际质量通用标准，建立以全面质量管理（IQC）为核心的质量管理体系。

该体系主要包括管理规定、信息反馈、组织机构、规章制度、质量检查评定、标准化工作体系、质量教育和培训体制等质量管理活动。实际运作主要以PDCA法、统筹法（网络技术）和优选法为主。

我公司质量保证体系的目的就是以最高的施工要求、最强的施工队伍、最低的成本和优质材料进行施工，为甲方创出满意的装饰工程佳作。

4）确定三级监理机构

从公司质量保证体系实际出发，结合该工程具体情况，我公司确定了该工程质量保证体系的三级监理机构。具体为：由公司质量保证小组、质量检查科领导，并派驻工地质量监理具体控制；由项目经理、工长、质量检查员直接检查管理和评定；由班、组长执行质量规章制度，进行质量自检、互检。

5）严格"三检制"和"例会制"，保证隐蔽工程质量

本公司现场施工管理实行"三检制"的实践证明，"三检制"是确保质量行之有效的重要措施，具体要做到：

（1）每天下班前由项目工程师主持，带领各班组对当天施工项目进行自检，发现质量问题立即返工，并做好质量记录。

（2）每项工程的周检质量情况由质检员负责做好记录，以备验收时上交有关部门，周检工作由工地负责人组织。每周末组织各班互检，评比考核，巩固成绩，纠正缺点。

（3）对隐蔽工程的每道工序在请业主、监理公司、质检部门正式验收前进行严格检查，做好隐蔽工程验收技术资料记录，并得到监理公司代表签字认可后，方能进行下道工序施工。

（4）"例会制"是每周一上午，工地项目分部同建设单位、监理公司相关人员开现场例会，检查前周工作，通报本周工作情况，对工地出现的问题提出解决办法，协调各方关系。

6）认真做好质量保证的组织工作

我公司设有以部经理挂帅、总工程师主抓的质量保证领导小组，制定了各级领导、各部门的重点责任制。同时，以工程技术、施工方法和材料为中心，制定了各种与质量有关的规章制度和办法，由公司质量保证领导小组为领导、质安科为主管、各职能部门密切配合的综合质量管理机构，在工程施工中实施指导、检查、监督职能，从机构组织上对工程质量给予充分保证。在质安科，设有专职质量检查员和检验员，具体负责质量信息的收集、整理、分析、反馈，以及行使质量否决权，实行工序程序控制。

7）用项目法施工，明确岗位职责

针对本工程特点，组建实力雄厚的项目经理部。内设项目经理、管理者代表、技术负责人（项目工程师）、项目技术员、项目机管员、项目计量员、项目质量员、项目安全员、项目材料员、项目质检员、项目财务员及各施工班组。明确项目经理部内部管理人员职责，围绕项目管理目标，精心管理、精心施工、精心核算，确保本项目质量目标、工期目标及成本目标的实现。

8）组织图纸会审及施工技术交底

（1）在施工现场派驻一名设计师，协助施工图纸的深化工作，指导施工现场人员理解图纸；根据业主及监理的要求，出具变更方案图。

（2）现场施工技术人员在施工前，根据现场条件必须认真熟悉施工图，一定要达到熟练程度，了解工艺，做到按图施工，发现问题及时汇报，不得擅自做主。

（3）各分项工程开工前必须对各施工班组进行书面和现场口头技术交底，对施工操作步骤、规范要求、注意事项、质量验收标准必须交代清楚。重要结构的施工方案必须以书面形式报经业主和监理公司批准。

（4）设计变更必须经设计公司设计师同意，业主、监理工程师书面签证后方可实施。

9）全面接受业主和监理的监督和管理

（1）进场施工前，准备施工图纸、施工工艺及有关资料向业主和监理提交开工申请,得到业主和监理批准后,开始施工。

(2) 所有进场材料出具请验报告,经业主及监理工程师验收合格签证意见后方可进行下道工序的施工。

(3) 对业主和监理下达的整改通知,当日内将整改的方案报业主和监理批准,整改结束立即报请业主和监理验收。

(4) 在施工中遇到的问题,及时向业主和监理报告,不擅作主张。对擅作主张而造成损失的,全部由我公司承担。

(5) 对认为设计须进一步完善项目,提前向业主、监理提出合理化建议,并征得业主、监理认可后组织实施。

10) 质量保证总体措施

(1) 从组织机构上保证:项目部将建立高效合理的管理部门,按岗设人,严格岗位,各司其职,各负其责,项目经理部每天召开工程碰头会,以协调各方面的关系,保证工程顺利进行。

(2) 从质量管理体系上保证:我公司建立严格的质量管理体系,将 ISO9001 质量管理标准的 21 个标准工程程序和 15 个程序支持性文件贯彻到整个工程施工过程中,做到层层把好质量关,以确保达到质量目标。

(3) 从施工方案上保证:鉴于该工程的特点以及重要性,我公司把该工程列入公司重要项目之一,严格按照优良标准制定切实可行的施工方案、作业指导书。在方案上力争做到“规范化”“标准化”“样板化”。

(4) 从施工方法上保证:在施工中项目部将严格按规范要求进行技术交流,明确关键环节,狠抓工序管理,严格过程控制,坚持做到上道工序不符合要求坚决不进行下道工序施工,达不到要求的坚决整改直至符合要求为止。

(5) 从施工力量上保证:我公司决不搞分包或转包,所有工人为公司注册职工,我们将组织技术过硬的施工队伍参与本工程的施工。

(6) 从管理制度上保证:我公司自成立以来,在几十年的工程施工中积累了很多的宝贵经验,许多经验已形成制度,在工程项目施工中已加以推行。实践证明这些制度是切实可行的,并取得了成果。

11) 本工程的施工规范及标准

(1) 中华人民共和国国家标准《建筑装饰装修工程质量验收规范》(GB 50210—2018)。

(2) 中华人民共和国国家标准《建筑工程施工质量验收统一标准》(GB 50300—2013)。

(3) 中华人民共和国国家标准《民用建筑工程室内环境污染控制规范》(GB

50325—2010)。

(4)中华人民共和国国家标准《建设工程项目管理规范》(GB/T 50326—2017)。

(5)中华人民共和国国家标准《建筑内部装修设计防火规范》(GB 50222—2017)。

(6)《建筑地面工程施工质量验收规范》(GB 50209—2010)。

(7)本装饰工程概预算。

(8)本装饰工程设计图纸。

第三节　成品保护方案及措施

1)成品保护总体措施

建立成品保护小组,完善成品保护控制是实现质量目标的保证,从材料的进场到施工过程中的运输、制作、交叉作业,直至最后清扫、验收,全过程、全方位地对半成品进行保护。结合工程特点,采取有力措施对本工程实施总体保护。

2)成品保护具体措施

(1)主动与业主、监理单位及时办理工程产品的验收工作,及时密封保护成品部位,明确成品警示区。

(2)制定详细的成品保护方案,包括成品和半成品两类。其中半成品的方案包括半成品的加工、运输、装卸、保管等。成品的保护方案根据成品所在部位、材质、色别等不同而采用不同的保护措施。

(3)制定成品保护奖惩条例,指定专人负责,对人为故意损坏加倍处罚,严重者送有关部门处理。对工人进行产品保护技术交底,并定期召开产品保护专题会,组织工人学习保护知识,认识到产品保护的重要性。

(4)编制成品保护标牌,保护标牌根据保护等级及材料不同分类,标牌的规格、字体、色别应清晰鲜明,用语简洁明确。

(5)严格按照工序施工,避免成品因工序错乱而造成污损,认真履行交接班制度,下道工序施工人员必须对上道工序的产品有保护责任。

(6)及时做好工程相关单位在成品部位的配合工作,并明确指出成品部位的注意要点和保护措施。加强对其他单位的成品保护,严格管理本公司施工人员涉入其他施工单位的成品区域,如必须涉入其他成品部位,积极做好与相关单位的协调保护措施。本次工程主要施工类型具体措施如下:

① 墙面龙骨及面板成品保护

a. 隔墙木骨架及罩面板安装时,应注意保护顶棚内装好的各种管线和木骨架的吊杆。

b. 施工部位已安装的门窗,已施工完的地面、墙面、窗台等应注意保护,防止损坏。

c. 条木骨架材料,特别是罩面板材料,在进场、存放、使用过程中应妥善管理,使其不变形、不受潮、不损坏、不污染。

② 天花轻钢骨架及罩面板成品保护

a. 轻钢骨架及罩面板安装应注意保护顶棚内各种管线。轻钢骨架的吊杆、龙骨不准固定在通风管道及其他设备上。

b. 轻钢骨架、罩面板及其他吊顶材料在入场存放、使用过程中严格管理,板上不宜放置其他材料,保证板材不受潮、不变形。

c. 施工顶棚部位已安装的门窗,已施工完毕的地面、墙面、窗台等应注意保护,防止污损。

d. 已装轻钢骨架不得上人踩踏。其他工种吊挂件或重物严禁吊于轻钢骨架上。

e. 为了保护成品,罩面板安装必须在棚内管道、试水、保温等一切工序全部验收后进行。

③ 墙面石材装饰类成品保护

a. 要及时清擦干净残留在门窗框、玻璃和金属饰面板上的污物,如密封胶、手印、尘土、水等杂物,宜粘贴保护膜,预防污染、锈蚀。

b. 认真贯彻合理施工顺序,少数工种的活应做在前面,防止损坏、污染石材饰面板。

c. 拆改脚手架和上料时,严禁碰撞石材饰面板。

d. 饰面板安装完成后,易破损部分的棱角处要钉护角保护,其他工种操作时不得划伤面层或碰坏石材。

e. 在室外刷罩面剂未干燥前,严禁下渣土和翻架子、脚手板等。

f. 已完工的石材饰面应设专人看管,遇有损害成品的行为应立即制止,并严肃处理。

④ 裱糊及软包成品保护

a. 裱糊及软包装饰已完成的房间应及时清理干净,不准做临时料房或休息室,避免污染和损坏,应设专人负责管理,如及时锁门、定期通风换气、排气等。

b. 在整个墙面装饰工程裱糊和软包施工过程中,严禁非操作人员随意触摸成品。

c. 暖通、电气、上下水管工程在施工过程中,操作者应注意保护墙面,严禁污染和损坏成品。

d. 严禁在已裱糊及软包完墙布、锦缎的房间内剔眼打洞。若纯属设计变更所致,也应采取可靠有效的措施,施工时要仔细,小心保护,施工后要及时认真修补,以保证成品完整。

e. 二次补油漆、涂浆及地面磨石、花岗岩清理时,要注意保护好成品,防止污染、碰撞与损坏墙面。

f. 墙面裱糊及软包时,各道工序必须严格按照规程施工,操作时要做到干净利落,边缝要切割整齐到位,胶痕迹要擦干净。

g. 冬期在采暖条件下施工,要派专人负责看管,严防发生跑水、渗漏水等灾害性事故。

⑤ 地毯成品保护

a. 地毯进场应尽量随进随铺,库存时要防潮、防雨、防踩踏和重压。

b. 铺设完毕应及时清理毯头、倒刺板条段、钉子等散落物,严格防止将其铺入毯下。

c. 地毯面层收工后应将房间关门上锁,避免受污染破坏。

d. 后续工程在地毯面层上需要上人时,必须使用鞋套或者是专用鞋,严禁在地毯面上进行其他各种施工操作。

第四节 工程安全文明施工的技术措施

1) 制定安全生产保障制度

对于每一个工程,我公司都特别重视施工安全问题,要求施工人员认真贯彻执行国家有关劳动保护方针、政策、法规和条例。坚决贯彻执行地方法规文件及本公司制定的《各工种及设备安全操作规程》《各分项装饰工程施工安全控制规程》《安全生产奖惩制度》《消防管理规定》等。

2) 明确安全生产责任制

根据"安全生产、人人有责"的原则,各部门、各级人员都必须牢固树立"安全第一、预防为主"的思想,本着谁负责生产谁负责安全的第一责任人原则履行各自工作范围内的安全职责,做到责任明确,配合密切,各司职守,赏罚有据,认真搞好安全生产管理工作。安全生产应贯穿于装修施工(生产)的全过程,项目经理部与各作业队(人)签订安全施工协议书,明确安全生产责任。

3) 安全生产教育制度

对上岗人员进行安全生产"三级"教育,新工人未经教育不得进场,对经过教育后不能掌握安全知识的工人严禁进场。对施工人员经常进行安全教育,促使提高安全意识和自我保护意识。明确现场的各项安全制度及处罚条例,并确定各班组兼职安全员,严格执行各工种安全操作规程,坚决杜绝违章作业,贯彻"安全第一、预防为主"的方针,施工任务交底时,必须做生产安全交底工作。

4）安全例会及安全检查制度

专职安全员负责施工现场的安全监督、检查,实行班组的设备、操作安全进行检查,把各类事故消灭在萌芽状态,达到防患于未然的目的。各级部门还要结合施工情况和特点、节假日加班等情况,做好重点(专业)跟班检查,特别是安全防火检查。公司质安科每日组织项目间互查时,除做好抽查记录处,对存在的事故隐患下达"事故隐患整改通知单",限期整改未按期解决的应按违章处理,对造成事故者要追究其责任。

5）消防安全预案措施

(1) 现场配备足够的消防设备(灭火器、沙箱、消防筒等),易燃建筑垃圾在施工结束人离现场前清理并运出现场。仓库、木工场、油漆间等严禁烟火,不准用碘钨灯取暖照明。

(2) 各类电气设备、线路不准超负荷使用,接头须接实、接牢,以免线路过热或打火短路,发现问题立即修理。

(3) 存放易燃液体、可燃气瓶的库房,其照明线路应穿管保护,采用防爆灯具,开关设在库外。

(4) 穿墙电线和靠近易燃物的电线穿管保护,灯具与易燃物一般应保持 30 cm 间距,大功率灯泡要加大间距,现场要使用标准电箱,做到一机一闸,箱内配有漏电保护器。

(5) 现场生产、生活用火均应经主管消防的领导批准,使用明火要远离易燃物,并备有消防器材,使用明火时,须开具用火许可证。

(6) 各种电气设备均须采取接零或接地保护,单相 220 V 电气设备应有单独的保护零线或地线,严禁在同一系统中接零、接地两种保护混用,不准用保护接地做照明零线。

(7) 手持电动工具均要在配电箱装设额定动作电流不大于 30 mA,额定动作时间不大于 0.1 s 的漏电保护装置,电动机具定期检验、保养。

6）安全防火规则

(1) 贯彻谁执行谁主管谁负责的原则,工地的防火责任人每星期对工地进行一次检查,并做好记录。

(2) 各施工队长兼任本队的防火责任人,主要负责其范围内的烧焊、用电、动火等防火工作,每天下班前进行自检后才能离开。

(3) 防火工作人人有责。各队成员有责任协助队长做好防火工作,确保本队工作范围不出火灾事故。

（4）烧焊动火要有人看火，注意烧焊的动态，烧焊后要进行清理。

（5）焊工要坚持做到烧焊前观察周围特别是管井下面及竹棚等是否有易燃或可燃烧物品，如发现危险应先报工地主管，待排除后方能烧焊。

（6）临时设施区域内，应按规定设置消防器材，一般为每 100 m^2 临时设施放置两只十公升灭火机；临时木工间、油漆间、车库应配足防火器材，一般为每 30 m^2 放置两只十公升灭火机；油库、危险器材库应配供足够的泡沫、干粉等灭火器。

（7）消防器材应有专人负责维修保养，酸性泡沫灭火机的药剂一般一年半更换一次，并挂有换药时间牌。

（8）工地现场不能私设炉子，或用竹柴及电炉取火。

（9）工棚、仓库及宿舍等部位的电灯泡不能超过 60 W；不能私自乱接电线电路；需要设临时用电的，由工地主管安排电工安装。

7）严格执行规范，做到安全文明施工

（1）各类材料、垃圾堆放要求

① 材料堆放必须按总平面布置分类、分区域有序堆放，并有标识。

② 散装水泥必须设库房或搭设防尘封闭棚覆盖，以防扬尘污染环境。

③ 施工垃圾与废料必须及时清运出场，当天做不到则要集中堆放、覆盖，定期清运出场。施工垃圾存放在场内的时间不得超过 7 个工作日，且必须及时洒水避免扬尘。

④ 生活垃圾必须实行袋装化，集中堆放，每天清理出场。

（2）现场卫生及宣言

① 每个宿舍檐高必须在 2.5 m 以上，面积 20 m^2 以上，水泥地坪四面墙粉白，设有窗使空气对流。设单人床或上下铺；有卫生管理制度、卫生值班表，每天有人打扫卫生，保持室内窗明几净；各类生活物品堆放整齐，做到清洁美观；生活照明使用 36 V 安全电压。

② 食堂距污染源 30 m 以上；食堂内部必须有良好的排烟通风设备；有卫生管理制度，有关证照齐全，炊事员应有健康证，并身穿白衣、白帽、白口罩，做到文明操作；要有卫生消毒设备；餐凳、桌应齐全、整齐；必须使用燃气。

③ 施工临时厕所必须通风良好，有专人打扫，卫生清洁；要有洗手和水冲设备；便槽内无污垢、垃圾，无明显臭味。

④ 必须张贴宣传标语及口号，要有黑板报或阅报栏，其内容要经常更换。

第五节　现场施工的环保措施

1）文明施工及环境保护管理目标

文明施工及环境保护管理体现一个企业的现代化管理水平，体现一个企业的总体精神面貌，也是杜绝安全事故发生的根本途径。针对本工程的现场情况，严格按业主指定范围施工，合理进行工程的现场布置，配合业主共同做好现场的总体部署，维持现场周边环境的原样，我项目部将认真贯彻公司环境管理体系 ISO14001 标准，执行环境管理方针。

2）环境保护及文明施工管理体系

（1）建筑垃圾清理，降低环境污染措施

① 所有沾污的盖头、纸、揩布、乱丝等废物、污物及时收集在有盖的铁桶内存放，定期处理，不随便乱扔以免污染环境。

② 操作人员在就餐前必须洗手、洗脸，并且应用肥皂水、温开水洗，不用有毒溶剂洗涤黏在皮肤上的油漆。

③ 制水泥砂浆时，倾倒水泥及拌制干料时，要在避风的地方小心谨慎地操作，以免水泥粉尘到处飞扬，污染大气及损害操作人员健康。

④ 施工中产生的建筑垃圾每日请专人清理打扫，用袋装好，按甲方指定地点集中堆放、集中外运，做到工完场清，工完料尽。

（2）职工生活区文明卫生措施

① 为施工人员的住宿、就餐生活画出一定的区域，生活区管理符合国家卫生城市的要求，生活垃圾及时按规定清理，讲究文明卫生，做到整洁有序，严禁随地大小便。

② 工人宿舍派专人负责卫生、安全管理，严禁大声喧哗，严禁赌博、吸毒及其他违法活动，如有违反将按《宿舍管理条例》进行罚款，情况严重的将送公安机关处理。

③ 教育员工遵纪守法，发生纠纷及时处理，将纠纷消灭在萌芽状态，绝对禁止打架斗殴。

（3）争创文明工地，服从城管、环保部门管理措施

① 工地管理及施工人员统一佩戴上岗证，严格控制外来人员进出工地。

② 办公室三图一表齐全，工程日志记录齐全。

③ 服从城管、环保部门管理措施，需要用到噪声较大的机具时，要避免在夜间、节假日施工，以避免影响周围居民生活。

④ 进出运输车辆保持车轮清洁和材料的质量，防止跑、冒、滴、漏、撒污染城市道路。

⑤ 原材料、成品、半成品、构配件的堆放、储运有条有理,符合规定。

⑥ 正确使用机具并使之保持整洁完好,存放井然有序。

⑦ 项目经理部要取得建设方物业管理部门的配合,工地每天收工前清理的建筑垃圾要指定方式及指定场地妥善堆放,及时清运。

⑧ 注重建筑成品保护,园艺绿化、公共设施及走道等均应制定措施,切实保护。

（4）防止环境污染措施

施工过程中应加强环境保护,作为承包商,除了努力做好改善施工环境的各项工作外,还应积极配合环保部门进行的各项检查工作。另外,应做到如下的具体措施：

① 防止大气污染

a. 施工现场的道路实施洒水防尘措施,对超过 3 个月不进行施工的地域进行绿化处理。

b. 水泥和其他易飞扬的细颗粒散体材料,安排在库内存放或严密遮盖,运输时采取措施防止遗洒、飞扬；卸运时采取有效措施,以减少扬尘。

c. 对进入施工现场的各种车辆进行限速,防止车速过快产生扬尘。

d. 现场、生活区的锅炉、茶炉、大灶设备有消烟除尘设备,燃煤使用低硫煤。

② 防止水污染

a. 生活区临时食堂设置简易有效的隔油池,加强管理,定期掏油,防止污染。

b. 对现场油料存放处进行防渗漏处理,储存和使用采取有效措施,防止跑、滴、漏污染水体。

（5）本工程的材料环保要求：为了预防和控制民用建筑工程中建筑材料和装修材料产生的污染,保障公众健康,维护公众利益,应做到技术先进、经济合理。

① 工程所使用的无机非金属装修材料包括石材等,进行分类时,其放射性指标限量应符合附表 6 的规定。

附表 6　放射性指标限量

测定项目	限量	
	A	B
内照射指数	≤1	≤1.3
外照射指数	≤1.3	≤1.9

② 建筑材料和装修材料放射性指标的测试方法应符合现行国家标准《建筑材料放射性核素限量》的规定。

（6）降噪声防扰民措施：由于本工程对防止噪声污染有较高的要求,故我公司特别注意在配备机具设备时,充分考虑到设备的噪声控制及环保要求。

① 电动钻机等应用装配消声器的方法,或采用先进液压机械来保证其噪声达到规定。

② 压缩机等首先得保证其良好的使用性能,如果其工作噪声还是达不到要求,则采用压缩机表面进行外部隔音处理。

③ 有些噪声确实太大的机械工作时,采用房间隔离法或在场外的加工厂进行操作,避免噪声影响周围人员。

④ 我公司严格按规定进行施工,施工时间为早六点到晚八点,噪声控制在80分贝以内,其余时间不发出噪声。特殊情况需超出上述时间范围施工时,会将有关申请材料报送有关部门审批,经审批同意后,再在审批规定时间内施工。在学生高考期间,提前做好施工安排,避免夜间施工。重大节日和活动期间施工,遵守相关的规定要求,严格控制作业时间,需连续作业时,采取降噪措施,做好周围群众工作。

⑤ 对人为的施工噪声有降噪措施和管理制度,并进行控制,最大限度地减少噪声扰民。

第六节　与其他各单位协调措施

为了很好地完成该次工程,必须配合好与其他各单位的协调工作,我公司将积极配合其他各单位的工作。为做好与其他各单位及专业的配合工作,我公司将采取以下措施:

(1) 在甲方的协调下,与其他单位及空调、弱电等相关其他专业人员制订一个施工计划。

在此计划中明确这些单位和专业人员与我公司装修施工在同一工作面的具体安排以及双方的责任和义务。无论如何,我公司将以积极的态度予以配合,绝不斤斤计较利益得失,使甲方的总体计划安排得以落实。

(2) 在设计阶段,积极寻求其他各单位的支持,使得设计的图纸与其他各单位的施工图相协调,避免因设计不协调出现返工,从而影响整个工程的进度。

(3) 具体制订详细的施工进度计划时,一定要参照其他各单位的施工进度计划,使得我公司的装修进度计划得以实施。

(4) 公司的装修施工与其他各单位施工主要集中在天花部分,墙面交叉施工较少,因此我公司的装修施工先避开与其他各单位相干扰的作业,安排部分人员穿插进行天花施工,主要人员集中在墙面施工作业上,待其他施工单位完成其工作,有充足的工作面时,再安排人员完成天花作业。

(5) 充分利用我公司多年来的施工管理经验,使整个装修施工方案及施工进度计划从计划编制、材料采购、委外加工到施工工序都要精心计划安排,力求落实实施,完全与其他单位及专业人员相协调。

第六章 竣工验收及工程善后保养服务

第一节 竣工验收

1) 交工验收前的准备工作

在工程正式交工验收前,应由施工单位组织各有关工种进行全面预验收,检查有关工程的技术资料、各工种的施工质量,如发现存在问题,及时进行处理整改,直至合格为止。

2) 竣工资料整理

(1) 上级主管部门的有关文件,如施工证,开工证,各种报批报建所要办理的手续、文件等。

(2) 建设单位和施工单位签订的工程合同。

(3) 设计图纸会审记录、图纸变更记录及确认签证。

(4) 施工组织设计方案。

(5) 施工日记。

(6) 工程例会记录及工程整改意见联系单。

(7) 采购的工程材料的合格证、商检证及测验报告。

(8) 隐蔽工程验收报告。

(9) 自检报告。

(10) 竣工验收申请报告。

3) 交工验收的标准

(1) 工程项目按照工程合同规定和设计图纸要求已全部施工完毕,达到国家规定的质量标准,并满足使用的要求。

(2) 交工前,整个工程达到窗明几净、水通灯亮及空调设备运正常。

(3) 设备调试、运转达到设计要求。

(4) 室内布置洁净整齐,活动家具按图就位。

(5) 技术档案资料整理齐备。

第二节 工程善后保养服务

我公司针对本工程的特点及招标文件要求,对此工程质量、工期、安全文明及

回访保修进行全方位负责,并承诺做到以下几点:

1）正确使用及保养

将各种成品的正确使用和养护方式、注意事项告诉并教会使用者,避免人为的对装饰成品的损坏,增加装饰成品的使用年限。

2）工程回访保修实施方法

该工程严格按照《建设工程质量管理条例》及《建设工程施工合同》（GF-2017-0201）专用条款第15.4条之规定进行保修,并实行终身维修制。工程投入使用后,按照公司ISO9001质量体系程序文件"服务控制程序"的要求,做到以下几点:

（1）应根据合同条款的要求,与业主另行签订"工程服务及保修合同",并向使用单位提供"工程修理通知书"。

（2）根据业主"工程修理通知书"及时安排力量,进行工程维修。

（3）对于影响使用的,6小时内做出答复,并组织人员修复;对于维修量较大的,一般在现场查看后两周内完成;维修难度大的,适当延长维修期。

（4）对于业主提出维修要求,不能达到的,应热情接待,并做到先服务后论责,保证用户满意。对于非施工因素或保修期后的维修,应积极主动实行优惠服务。

（5）按照公司工程保修、回访的年度计划的要求定期进行回访服务。

主要参考文献

[1] 甄龙霞,唐玲,陈利伟.室内装饰材料与施工工艺[M].上海:上海交通大学出版社,2012.

[2] 何平,卜龙章.装饰施工[M].南京:东南大学出版社,2004.

[3] 曹吉鸣.工程施工组织与管理[M].北京:高等教育出版社,2016.

[4] 朱治安.建筑装饰工程组织与管理[M].天津:天津科学技术出版社,1997.

[5] 全国建筑施工企业项目经理培训教材编写委员会.工程招标与合同管理[M].北京:中国建筑工业出版社,2000.

[6] 全国建筑施工企业项目经理培训教材编写委员会.施工项目质量与安全管理[M].北京:中国建筑工业出版社,2000.

[7] 全国建筑施工企业项目经理培训教材编写委员会.施工项目技术知识[M].北京:中国建筑工业出版社,2000.

[8] 中国建筑工程总公司.建筑装饰装修工程施工工艺标准[M].北京:中国建筑工业出版社,2003.

[9] 中华人民共和国住房和城乡建设部,国家质量监督检验检疫总局.GB 50210—2018 建筑装饰装修工程质量验收规范[S].

[10] 中华人民共和国住房和城乡建设部.GB/T 50326—2017 建设工程项目管理规范[S].

[11] 中华人民共和国住房和城乡建设部,国家质量监督检验检疫总局.GB 50300—2013 建筑工程施工质量验收统一标准[S].

[12] 中华人民共和国住房和城乡建设部.GB 50209—2010 建筑地面工程施工质量验收规范[S].

[13] 中华人民共和国住房和城乡建设部.GB 50354—2005 建筑内部装修防火施工及验收规范[S].

[14] 中华人民共和国住房和城乡建设部,国家质量监督检验检疫总局.GB/T 50905—2014 建筑工程绿色施工规范[S].